AR 应用设计与开发

主编 袁 蔚 潘尚仕

内容提要

本书旨在全面探讨数字媒体艺术设计领域中的增强现实(AR)技术的应用设计与开发。全书共分五个章节,第一章概述了AR技术的基本概念和演变历程,引导读者深入了解AR技术的核心特征和原理;第二章深入研究了AR技术在教育、医疗、娱乐和工业等领域的应用,通过案例研究揭示AR技术的创新影响;第三章聚焦AR技术框架,介绍硬件和软件方面的关键组成部分,帮助读者深刻理解AR技术的底层工作原理;第四章和第五章以实际项目实践为例,展示了AR技术应用设计与开发的实际操作,让读者通过具体案例学到将理论知识应用于实际的方法。书中呈现的AR技术在数字媒体艺术设计中的前沿应用与创新趋势,将为读者在这一领域的学习与实践提供有力支持。

本书可作为数字媒体艺术设计专业学生的教材,也可供其他对AR技术感兴趣的人员使用。

图书在版编目(CIP)数据

AR应用设计与开发/袁蔚,潘尚仕主编. —上海:上海交通大学出版社,2025. 9. —ISBN 978-7-313-32425-2

Ⅰ. TP391. 98

中国国家版本馆CIP数据核字第2025SN1941号

AR应用设计与开发
AR YINGYONG SHEJI YU KAIFA

主　　编:袁　蔚　潘尚仕
出版发行:上海交通大学出版社　　地　　址:上海市番禺路951号
邮政编码:200030　　电　　话:021-64071208
印　　制:上海景条印刷有限公司　　经　　销:全国新华书店
开　　本:787mm×1092mm　1/16　　印　　张:7.25
字　　数:173千字
版　　次:2025年9月第1版　　印　　次:2025年9月第1次印刷
书　　号:ISBN 978-7-313-32425-2
定　　价:98.00元

前言

在数字时代的背景下，增强现实(Augmented Reality，AR)技术正以其独特的互动性和沉浸感，重塑我们的学习、工作和娱乐方式。本书旨在探索这一领域的前沿技术与应用，为读者提供一个全面、深入的研究和实践指南。

随着数字技术的日益成熟，AR技术的应用已经不再局限于高端科研领域，而是逐渐延伸到教育、医疗、娱乐、工业等多个行业，其在艺术设计领域的应用更是催生了无限可能。本书正是基于这样的现实需求和技术趋势编写的，我们希望通过详细阐述AR技术的原理、展示各类应用案例，并引导读者亲自动手实践，来增强读者对AR技术的深刻理解与应用能力。

本书共分为五章，第一章将读者引入AR技术的神奇世界，详细介绍了AR的基本概念和发展历史。第二章则通过实例深入探讨了AR技术在不同领域的应用。第三章聚焦AR技术框架，详细剖析了其硬件和软件的关键组成部分。第四章和第五章则转向实践操作，并通过具体的项目案例，理论与实践相结合，让读者体验从设计到开发的全过程。

本书兼具实践性和前瞻性。不仅提供了丰富的案例分析，还详细讲解了如何使用现代工具和平台进行AR应用的开发。同时，为使读者能够适应不断变化的技术环境，本书也注重对未来技术趋势的预测和分析。

本书由上海工艺美术职业学院“双高”建设项目资助出版，编写者是上海工艺美术职业学院数字媒体艺术设计专业的潘尚仕和袁蔚老师，本书的前三章由潘尚仕编写，后两章的实践案例部分由袁蔚编写。“AR应用设计与开发”是该专业的核心课程之一，本书的主要内容也来自该课程多年教学积累的理论和实践材料。我们感谢所有在这个过程中提供帮助的人士，包括技术专家、实践者、学生以及对本书提出宝贵意见和建议的审阅者。没有他们的辛勤付出和智慧贡献，本书无法呈现其现在的面貌。

最后，我们希望本书能够成为读者学习和探索AR领域的一盏明灯，不仅仅是作为知识传递的桥梁，更是激发读者创造力和实践能力的平台。无论您是学生、设计师还是AR技术的爱好者，都能从本书中获得启迪，为数字媒体艺术设计领域的发展贡献一份力量。

编者
2025年3月

目录

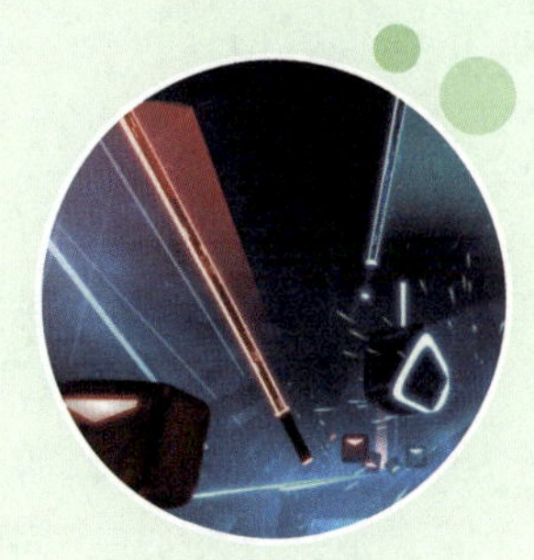

第一章 AR 概述

第一节 AR 的基本概念

一、AR 的定义

增强现实技术(Augmented Reality, AR),是一种将虚拟内容与现实场景相结合的技术,它可以通过电脑视觉、传感器、定位和图像识别等技术来实现。AR 技术可以将虚拟元素叠加在现实场景中,为用户提供更加丰富、生动和具有交互性的体验。AR 技术可以应用于游戏、广告、教育、旅游等众多领域。

按照应用场景和实现方式,AR 技术可以分为不同的类型,这些不同的类型和应用场景案例可以帮助读者更好地认识和理解 AR 技术。

(一) 基于标记的 AR

基于标记的 AR 技术是指使用特定的标记来识别现实世界中的物体,然后将虚拟元素叠加在标记上。这种 AR 技术需要预先定义标记,并对标记进行识别,才能将虚拟元素叠加在现实场景中,通常这个标记是一个二维码或者是一个特殊的图像。例如,荷兰多德雷赫特市的体育局为了鼓励当地居民进行体育锻炼,委托了一家公司在一艘于河道中行进的大型船只上竖立一个巨大的识别码,河岸上的人们用手机或者平板扫描该船只上的识别码就能看到一个运动卡通人物(橙色狮子)的动画,以此来宣传体育运动的理念,如图 1.1 所示。

图 1.1 荷兰某科技公司开发的 AR 应用程序

(二) 基于位置的 AR

基于位置的 AR 技术也称基于 GPS 的 AR 技术。该技术通过 GPS、陀螺仪、加速度计等传感器获取用户的位置和朝向信息，然后将虚拟图像与现实环境相结合，给用户以身临其境的体验。例如《精灵宝可梦 GO》(*Pokémon GO*)，它是一款广受大众欢迎的增强现实游戏，也正是因为这款游戏使得 AR 技术广泛地被许多普通用户所熟悉。*Pokémon GO* 是任天堂出品的手机游戏，该游戏以现实世界为舞台，让玩家在现实环境中寻找和捕获宝可梦。玩家需要走到户外，并在周围的现实环境中探索寻找不同的宝可梦。该游戏使用了基于位置的 AR 技术，使用现实世界的位置信息和地图数据。游戏会在现实世界的地点生成宝可梦，玩家需要走到那些地点进行捕获。游戏界面如图 1.2 所示。

图 1.2 任天堂出品的手机游戏 *Pokémon GO*

(三) 基于 SLAM 的 AR

SLAM(Simultaneous Localization and Mapping)是一种同时定位和地图构建技术。基于 SLAM 的 AR 技术可以实时识别和跟踪环境中的物体、地面等元素，然后在现实世界的场景中叠加虚拟内容。SLAM 技术使 AR 应用能够更好地适应不同的环境和场景，最有代表性的技术就是苹果公司的 ARKit 和谷歌公司的 ARCore。世界自然基金会(WWF)曾经使用苹果公司的 ARKit 技术开发了一个保护森林资源的 AR 应用，将探索森林的体验带入用户的家中，此应用可以在家中创建一个极具真实感的森林场景，并允许用户与之互动，如图 1.3 所示。

当然，还有一些应用场景比较小的技术类型，这里不展开讨论，以上是比较主流的 AR 技术类型，而且这些 AR 技术类型并不是相互独立的，在实际应用中可能会结合多种 AR 技术来实现更丰富的交互和体验。

图 1.3 保护森林资源 AR 程序

二、AR、VR 和 MR 的区别

虚拟现实(Virtual Reality, VR)、增强现实、混合现实(Mixed Reality, MR)这三个词目前在互联网上非常常见,大部分人也很容易将三者混淆。那么它们之间的异同点是什么?

AR 是将虚拟世界的物体叠加到现实世界中,是通过计算机技术生成的一种交互式的视觉体验。它将现实世界与虚拟世界相结合,让用户在现实的环境中感受到虚拟世界的物体、接收信息。常见的 AR 应用如 Ikea Place,这是一个由宜家推出的应用程序,它允许用户在现实世界中查看和体验想要购买的家具和家居装饰品,以便更好地决定其是否适合他们的家庭,如图 1.4 所示。AR 强调的是现场感,其展现的内容必须和现场息息相关,没有现场也就谈不上增强了,所以 AR 应尽可能使真实场景画面覆盖用户的全部视野,确保用户自然感知并与现实环境无缝交互。

图 1.4 宜家 AR 应用 Ikea Place 现场演示

VR 是一种通过计算机技术模拟出的身临其境的三维虚拟世界。用户通过佩戴头戴式设备、触控手套等设备，实现在虚拟世界中进行互动和操作。VR 技术广泛应用于游戏、教育、医疗等领域。比如，Oculus Rift 和 HTC Vive 是两款知名的 VR 头戴式设备，它们能让用户沉浸在虚拟游戏世界中。VR 强调的是沉浸感和完整的虚拟现实体验。由于虚拟场景可以人为设计，也不要求现场感，且现实场景的画面往往会破坏 VR 沉浸感，因此 VR 需要隔绝外界光线，在产品的设计上也是尽可能让虚拟场景覆盖用户的全部视野，避免现实场景画面出现。如节奏光剑(*Beat Saber*)是一款音乐节奏 VR 游戏，玩家需要在节奏的引导下用光剑切割方块。它操作简单、容易上手，深受 VR 玩家喜爱，用户戴上 VR 头盔后沉浸在音乐和光的虚拟世界中进行游戏，用户可以利用手中的激光光剑切割迎面而来的各种不同颜色方块，通过这种方式解锁各种有趣的音乐关卡。用户戴上头盔后看到的虚拟场景如图 1.5 所示。

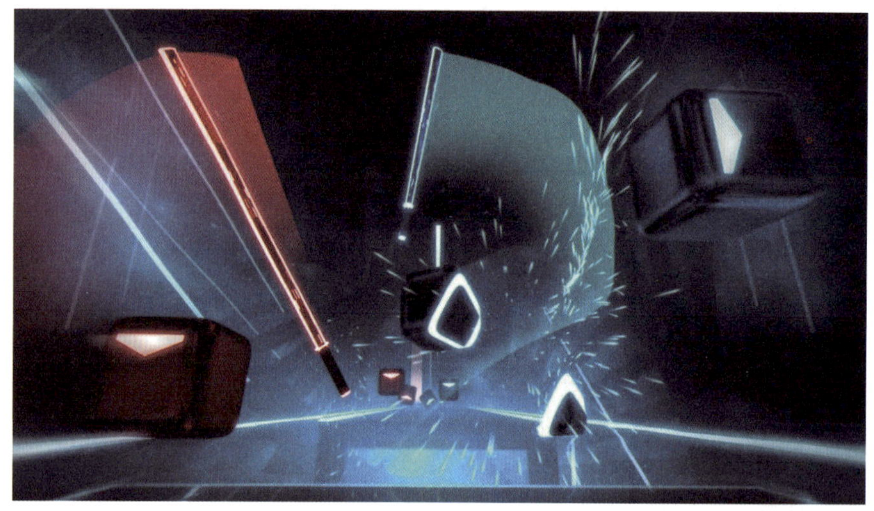

图 1.5　VR 游戏《节奏光剑》的游戏画面截图

MR 是一种介于 AR 和 VR 之间的新型技术，它将虚拟世界与现实世界融合在一起，让虚拟物体与现实物体能够共存并相互影响。MR 可以让用户在现实环境中与虚拟物体进行更自然、更紧密的交互。微软的 HoloLens 是一款典型的 MR 设备，它可以让用户在办公室、家庭等现实环境中与虚拟物体互动，比如观看悬浮在空中的虚拟屏幕。MR 强调虚拟图像的真实性，需要和现实场景进行像素级交叉和遮挡，要求虚拟场景具有真实的光照，和现实场景自然混合在一起。HoloAnatomy 是一款基于 HoloLens 的医学教育应用，允许用户在现实世界中学习和探索人体解剖结构。HoloAnatomy 通过可视化的三维模型为学生和教育工作者提供了一种全新的学习体验，如图 1.6 所示。

从广义上来说，MR 和 AR 都是对现实的增强，都是不隔绝现实环境，只是在现实的基础上叠加虚拟信息。AR 对虚拟图像的真实感不做严格要求，但越真实越好；而 MR 对虚拟图像具有严格的真实感要求，因此 AR 的定义比 MR 更加宽泛，MR 比 AR 更加严格。MR 和 AR 是包含与被包含的关系，MR 是 AR 的子集(高真实感的 AR)。而 VR 则是利用计算机模拟产生一个三维虚拟世界，让用户身临其境地沉浸在虚拟环境中，VR 跟 AR、MR 的最大区别就是其是完全隔绝现实环境的。

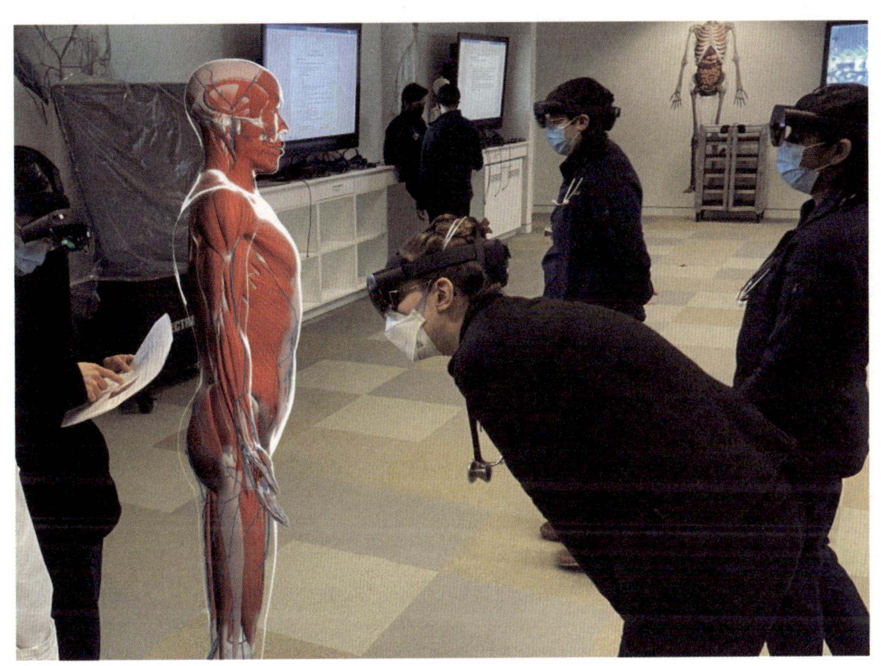

图 1.6 HoloAnatomy 操作效果

第二节 AR 的发展历史

AR 技术是无数技术人员一直在努力研发的技术，它从概念的诞生到现在经历了不同时期的发展，并随着技术革命的快速发展到了如今的规模。本节将按照时间轴的顺序介绍 AR 技术的发展历史，探讨其起源、关键事件和技术演进。

1968 年，伊凡·苏泽兰（Ivan Sutherland）和他的学生鲍勃·斯皮泰尔（Bob Sproull）开发了首个头戴式显示器——达摩克利斯之剑（The Sword of Damocles）。虽然这款设备较为笨重，且功能有限，但它被认为是现代 AR 和 VR 技术的起源，如图 1.7 所示。

1990 年，AR 这一术语正式诞生。1990 年，波音公司研究员汤姆·考德尔（Tom Caudell）首次将 AR 这个词用于描述将电子显示数据叠加到现实世界中的技术。当时，Caudell 正在研究一种用于飞机制造的头戴式显示系统，通过该系统，工人可以在现实世界中看到虚拟的电缆布线图。

1992 年，KARMA 系统诞生，这是一款基于知识的 AR 系统。KARMA 能够在现实世界中为用户提供虚拟的操作指南，辅助他们完成复杂任务。如图 1.8 所示。

1999 年，加藤弘一（Hirokazu Kato）教授和马克·比林斯特（Mark Billinghurst）共同开发了第一个 AR 开源框架：ARToolKit。ARToolKit 提供了基于计算机视觉算法的跟踪功能，使开发人员能够轻松地在现实世界中添加虚拟物体。此后，ARToolKit 在 AR 技术的普及和发展中发挥了重要作用。ARToolKit 的出现使得 AR 技术不仅仅局限在

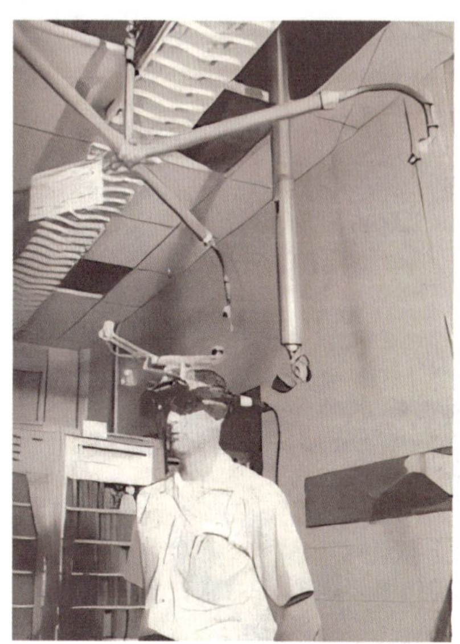
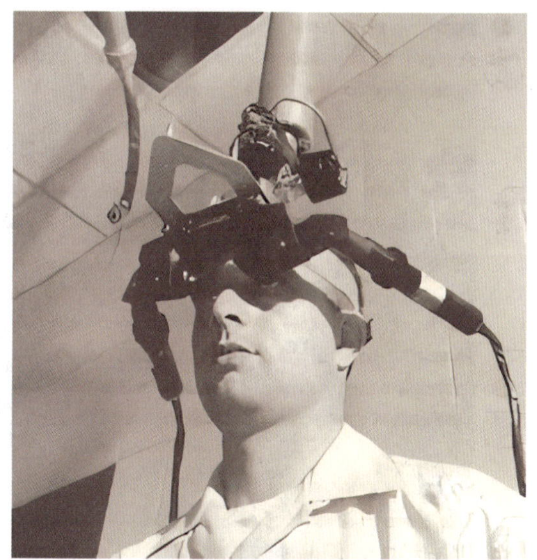

图 1.7　最早的头戴式显示器“达摩克利斯之剑”

图 1.8　KARMA 系统

专业的研究机构之中，使许多普通程序员也可以利用 ARToolKit 开发自己的 AR 应用。如图 1.9 所示，ARToolKit 技术通过识别图中黑色方块卡片，将计算机图像（小山）叠加在卡片上。

2000 年，布鲁斯 · 托马斯（Bruce Thomas）和他的团队开发了第一个增强现实浏览器——ARQuake。这款基于经典游戏《地震》（*Quake*）的应用将虚拟敌人叠加到现实世界中，使用户能够在现实环境中与虚拟角色互动。ARQuake 开启了利用 AR 技术提升游戏体验的新篇章。如图 1.10 所示，左图为右图游戏玩家通过设备看见的虚拟角色。

图 1.9 AR图像识别

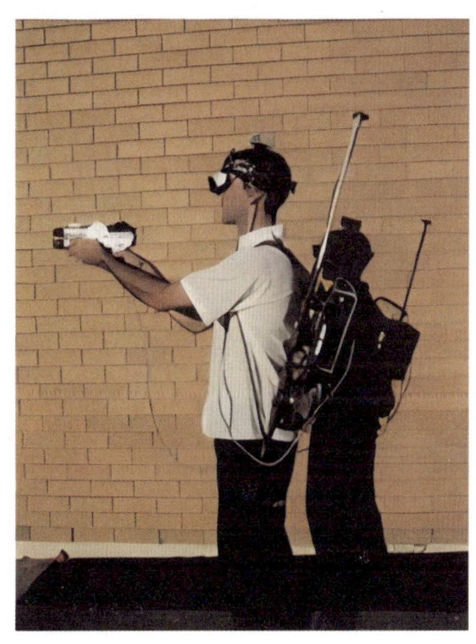

图 1.10 游戏玩家通过设备看到虚拟角色

2008 年，荷兰公司 SPRXmobile 推出了 Layar AR 浏览器，这是一款基于地理位置的 AR 应用。Layar AR 利用手机的摄像头、GPS 和指南针提供相关的信息，如房地产信息、旅游景点信息等，如图 1.11 所示。Layar AR 是当时最受欢迎的 AR 浏览器之一。

2012 年，谷歌推出了谷歌眼镜(Google Project Glass)，这是一款结合 AR 技术的智能眼镜。谷歌眼镜可以在用户视线范围内显示虚拟信息，如导航、通知等。虽然谷歌眼镜最初并未获得广泛的市场认可度，但它为未来的 AR 设备创新奠定了基础。谷歌眼镜如图 1.12 所示。

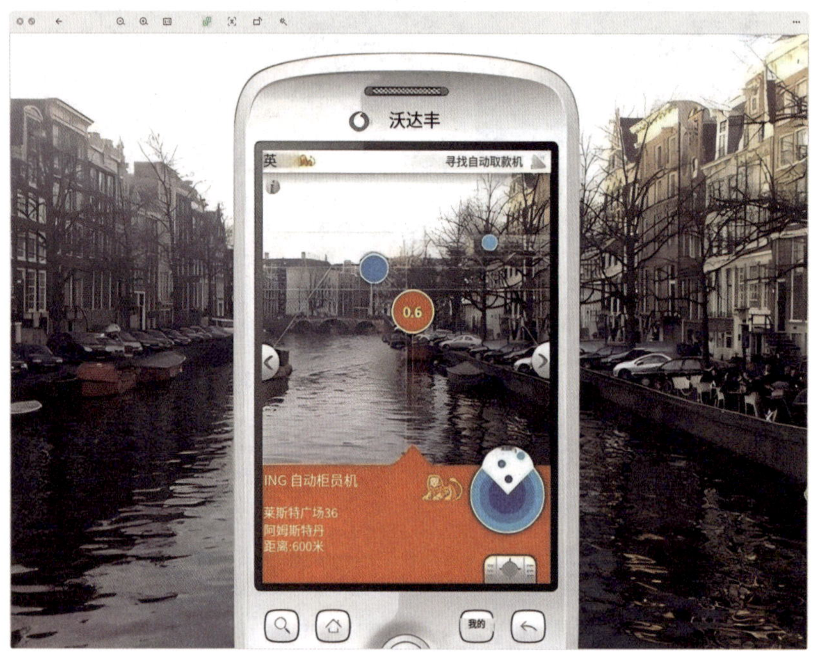

图 1.11　Layar AR 浏览器演示效果

图 1.12　谷歌眼镜

2016 年，日本游戏公司任天堂推出了基于 AR 技术的手机游戏 *Pokémon GO*。这款游戏充分利用了 GPS 和摄像头技术，将虚拟游戏 *Pokémon GO* 中的内容叠加到现实世界中，引起了全球范围的热潮。这款广泛引起公众好奇心的游戏为 AR 技术在大众市场的普及作出了巨大贡献。

2015 年，微软推出了 HoloLens，这是一款混合现实(MR)设备，它融合了 AR 和 VR 技术。HoloLens 可以在现实世界中投影虚拟物体，并实现与现实环境的交互。HoloLens 在教育、医疗、工业等领域有着广泛的应用前景。HoloLens 在工业维修服务领域的应用如图 1.13 所示。

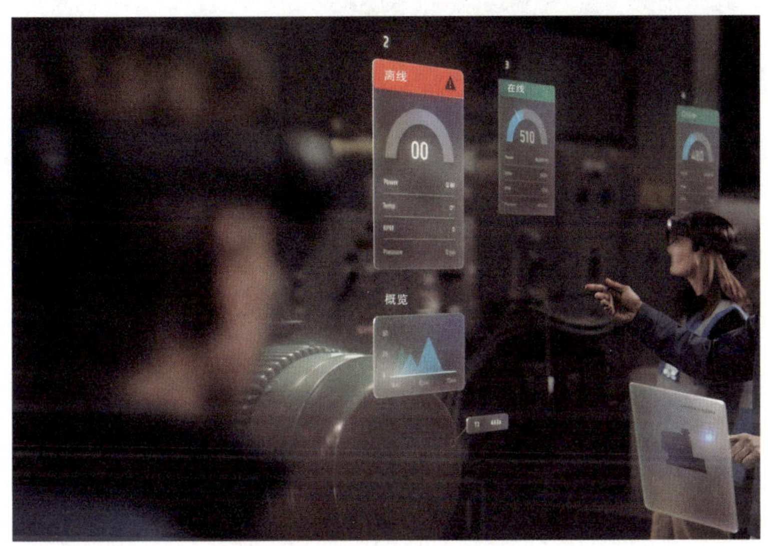

图 1.13 HoloLens 应用

2017 年,苹果公司发布了 ARKit,这是一个供开发者创建增强现实应用程序的工具集。该工具集充分利用了苹果设备的硬件和软件功能,为开发者提供了便捷的 AR 开发平台。随后,微软、谷歌等公司也相继推出了类似的 AR 开发工具。至此,基于增强现实的应用程序开始飞速发展,商业化程度不断提升。如图 1.14 所示,用户可以使用 iPad 中的 AR 应用把天花板变为星空。

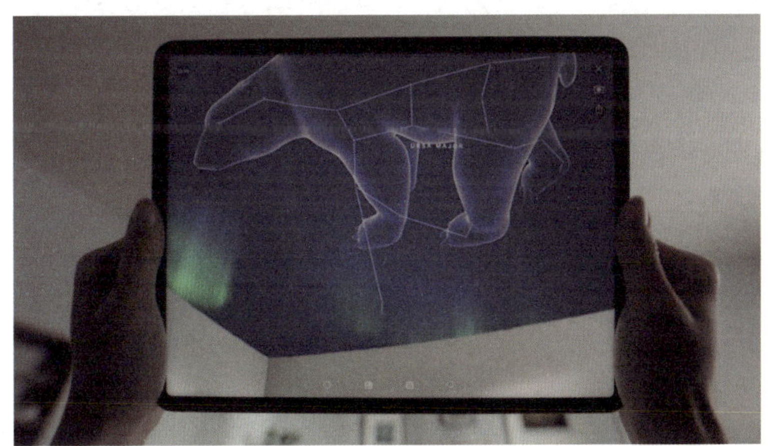

图 1.14 星空 AR 应用

2017 年,神秘的 AR 创业公司 Magic Leap 推出了首款产品——Magic Leap One。这款产品采用了创新的光场显示技术,为用户提供了身临其境的沉浸式体验。Magic Leap One 的问世进一步推动了 AR 硬件的发展。目前该公司已经推出了它的第二代 AR 眼镜 Magic Leap Two,如图 1.15 所示。

图 1.15　Magic Leap Two 示意

2020 年，脸书(Facebook)公布了 Project Aria，这是一项专注于开发 AR 眼镜的研究计划。Project Aria 旨在打造能够将虚拟信息无缝融入用户日常生活的智能眼镜。Aria 项目标志着脸书对 AR 技术和未来 AR 设备开发的承诺，如图 1.16 所示。

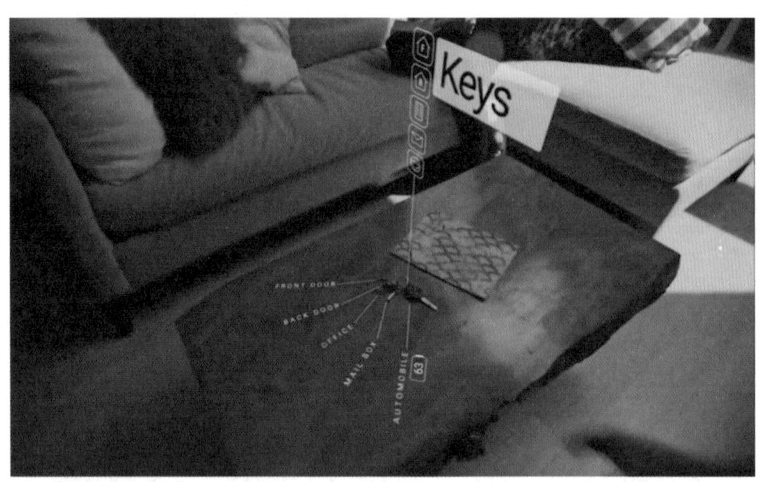

图 1.16　Project Aria 示意

AR 技术的发展历史以无数突破性的创新和进步为标志。从第一台头戴式显示器到最新的 AR 框架和设备，AR 技术多年来发生了翻天覆地的变化。随着 AR 技术的不断成熟和普及，我们期待可以在各个行业看到 AR 技术更多激动人心的发展和应用，通过 AR 技术的应用改变我们与周围世界的互动方式。

第二章　AR 应用领域

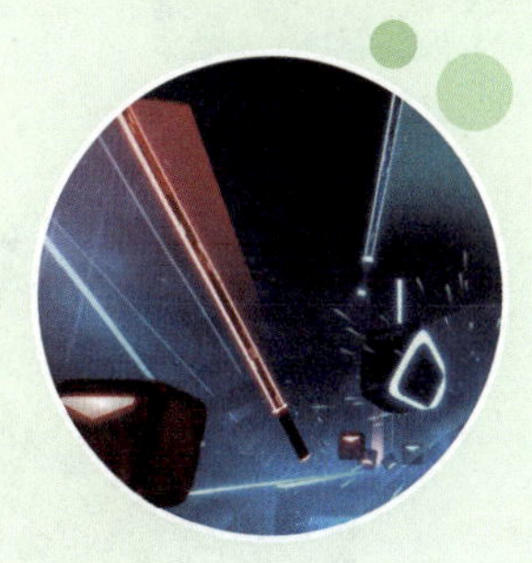

第一节　AR+教育

AR 技术彻底改变了我们感知世界和与世界互动的方式。这项技术在教育领域具有巨大的潜力，因为它可以增强学生的学习体验。在本节中，我们将探讨 AR 技术在教育领域的应用案例及其发挥的作用。

AR 技术提供了一种交互式和身临其境的学习体验，使学生能够看到他们正在学习的内容并与之互动。AR 技术可用于创建更具吸引力和互动性的学习环境，从而增强学生的学习动力。

AR 技术在教育中的主要应用案例之一是创建虚拟实验室。学生可以使用 AR 技术在虚拟环境中模拟实验和操控物体。这使学生能够在无须昂贵的设备或实验室空间的条件下进行实验，探索科学概念。AR 技术还可以帮助学生将传统教学方法中难以解释的复杂科学概念和现象形象化。图 2.1 所示的案例来自芬兰的一所职业教育学院，该学院通过 AR 技术，把教学的提示和反馈信息在现实的环境中叠加，学生可以查看试验部件所在的位置，并学习设备如何工作，就好像这些信息真的在那里一样。

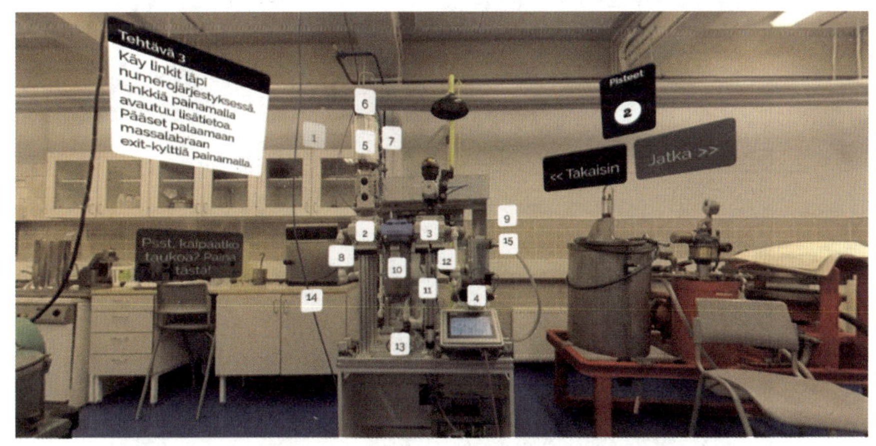

图 2.1　芬兰某职业教育学院 AR 应用

AR 技术在教育中的另一个应用是交互式教科书的创建。通过 AR 技术，教科书可以转

图 2.2 AR 教科书

化为交互式学习工具，为学生提供更具吸引力和身临其境的学习体验。例如，支持 AR 技术应用的教科书可以为学生提供 3D 模型、动画和视频，以增强学生的学习体验，并帮助学生更好地理解概念，如图 2.2 所示。上海工艺美术职业学院的数字媒体交互工作室和慕知学堂合作，针对小学教科书中《翠鸟》这篇文章开发了一个辅助教学的 AR 应用程序，教师和学生可以通过 iPad 来扫描教科书中的静态图片来看到对应的用三维技术制作的翠鸟觅食过程，可以旋转缩放整个场景，也可以控制动画的进度来全方位地观察翠鸟觅食的过程，这给予了教师和学生较单一的文字和插图学习模式不同的学习体验。

AR 技术还可用于创建既有趣又具有教育意义的教育游戏。这些游戏可用于教授各种学科，例如历史、地理和数学。利用 AR 技术创建的教育游戏可以帮助学生培养批判性思维能力、解决问题的能力，并加深他们对主题的理解。WWF 森林（WWF Forests）是世界自然基金会（WWF）在中国开发的一款手机应用。该应用巧妙地使用 AR 技术将虚拟种植与现实种植相结合，允许用户种植虚拟树木，并跟踪这些树木在现实世界的重新造林项目中的种植进度来提高用户的环境保护意识。该应用使用了苹果公司最新的 ARKit 4 技术，用户可以把前面收集的树木和动植物都放在自己的房间里。ARKit 4 的遮挡功能可以深度识别扫描，将 3D 物体放到镜头扫描到的不同表面上，用户就可以在家里快速把客厅、卧室变成“森林”，观察“森林”里的“老虎”和“金丝猴”等野生动物，以此来感受和贴近真实的森林，从而达到保护森林环境的潜在目标，如图 2.3 所示。

图 2.3 ARKit 4 技术演示

总之，AR 技术有可能通过提供更具吸引力和身临其境的学习体验促使教育行业做出改变。本节讨论的应用案例展示了 AR 技术在教育领域的多功能性和实用性。通过 AR 技术，教育工作者可以创造更加个性和有效的学习环境，以满足不同学生的个性化需求。

第二节　AR+新闻出版

AR 技术在各行各业越来越受欢迎，在出版业也不例外。AR 技术提供了一种创新方式，通过交互式和沉浸式功能把内容变得栩栩如生，从而增强读者的阅读体验。

AR 技术在出版业的主要应用案例之一是交互式书籍封面的创建。通过 AR 技术，出版商可以制作书籍封面，当用户用智能设备查看时，画面会变得栩栩如生。这些交互式书籍封面可用于宣传书籍并以更有趣的方式吸引读者。例如，通过 ELLE Now 手机软件和 HuffPost RYOT 专有的沉浸式平台 Envrmnt，读者随意扫描 *ELLE* 十一月的八大封面之一，就可以看到该封面人物的采访视频，进行 AR 体验，如图 2.4 所示。

图 2.4　ELLE Now AR 应用

AR 技术还可用于在书中创建交互式内容。通过 AR 技术，出版商可以创建可通过移动设备访问的交互式内容，例如动画、视频和 3D 模型。允许读者选择以这种更吸引人的方式与内容进行互动，有助于增强他们对主题的理解。比如《国家地理》杂志在 4 月份的地球日杂志中设计了一个支持 AR 技术的封面，该封面使用预测的气候数据传达了对气候变化的警示和展望，使封面更具吸引力。用户可以通过查看全球 12 个主要城市的气候数据，了解这些地点未来的气候状况，如图 2.5 所示。

图 2.5 《国家地理》杂志 AR 应用

AR 技术在出版业的另一个应用是创建虚拟图书之旅。出版商可以使用 AR 技术创建虚拟图书导览，让读者以更具互动性和身临其境的方式探索图书世界。例如，皮克斯推出了一系列基于其经典动画电影的 AR 绘本，如《玩具总动员》《海洋奇缘》等。这些 AR 绘本通过智能手机或平板电脑上的相机将虚拟角色带入现实环境，让孩子们与喜爱的角色互动，提高了阅读的趣味性和参与度，如图 2.6 所示。

图 2.6 AR 绘本

AR 技术为新闻出版行业带来了许多创新和变革。通过为读者提供更丰富、更具互动性的内容，出版商和新闻组织能够提高用户的参与度和满意度。未来，随着 AR 技术的不断发展和普及，我们有理由期待新闻出版领域出现更多令人兴奋的 AR 应用。

第三节　AR+广告

借助 AR 技术，品牌以创新方式与消费者互动，从而颠覆了传统广告模式。AR 技术使广告商能够创建交互式和身临其境的广告活动，以吸引观众的注意力并提高参与度。在本节中，我们将讨论 AR 技术在广告领域的应用案例，并对其进行分析。

AR 技术在广告领域的主要应用案例之一是交互式广告的创建。通过 AR 技术，广告商可以制作互动式广告，让消费者以更有意义的方式与品牌互动。

AR 技术在广告领域的另一个应用是创建虚拟穿戴体验。通过 AR 技术，广告商可以创建虚拟试穿体验，让消费者可以虚拟试穿产品。适用于化妆品和鞋服等行业，因为在这些行业中，消费者可能会犹豫是否要先试后买。例如，阿玛尼美妆在微信小程序上使用 AR 技术提供了 24 种口红色号供用户选择，用户则可以通过实时拍照或上传照片进行口红试色，且可对口红涂抹情况进行微调，让最终呈现效果更为真实，也可将多个试色影像进行比对，如图 2.7 所示。再如，一个服装品牌可以创造一种 AR 体验，让消费者在购买前看到一件特定的衣服或者鞋子穿在他们身上会是什么样子。某奢侈品品牌的 AR 功能使客户可以虚拟试用其推出的 Ace 运动鞋。它的运作方式是，首先选择鞋子的款式，然后将手机对准双脚，这样一来，AR Ace 运动鞋就可以叠放在脚上或当前穿着的鞋子上，类似于照片滤镜的工作方式，如图 2.8 所示。

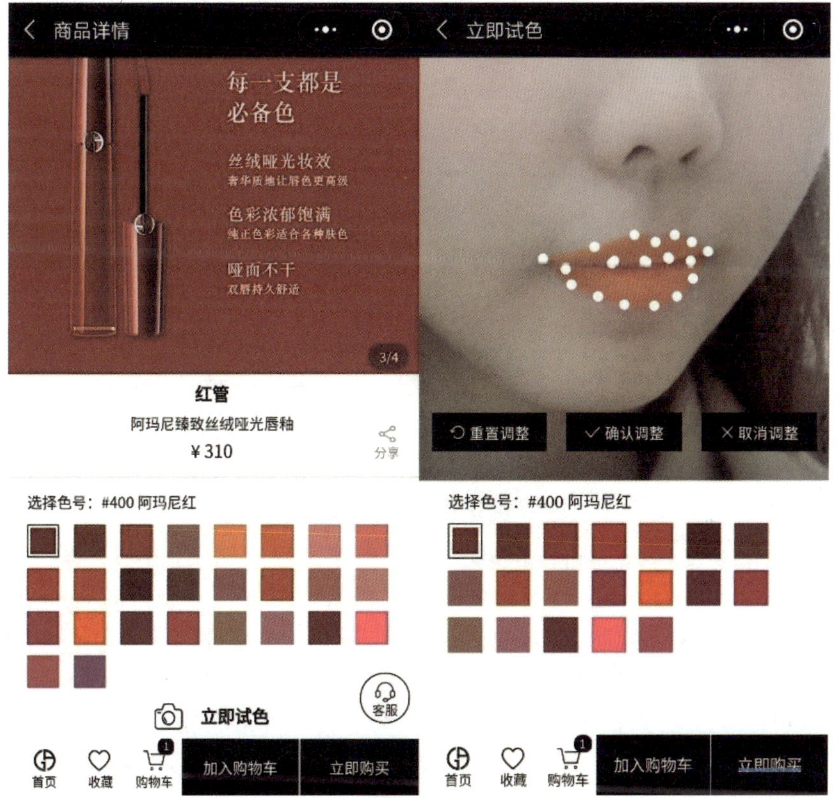

图 2.7　阿玛尼美妆 AR 应用

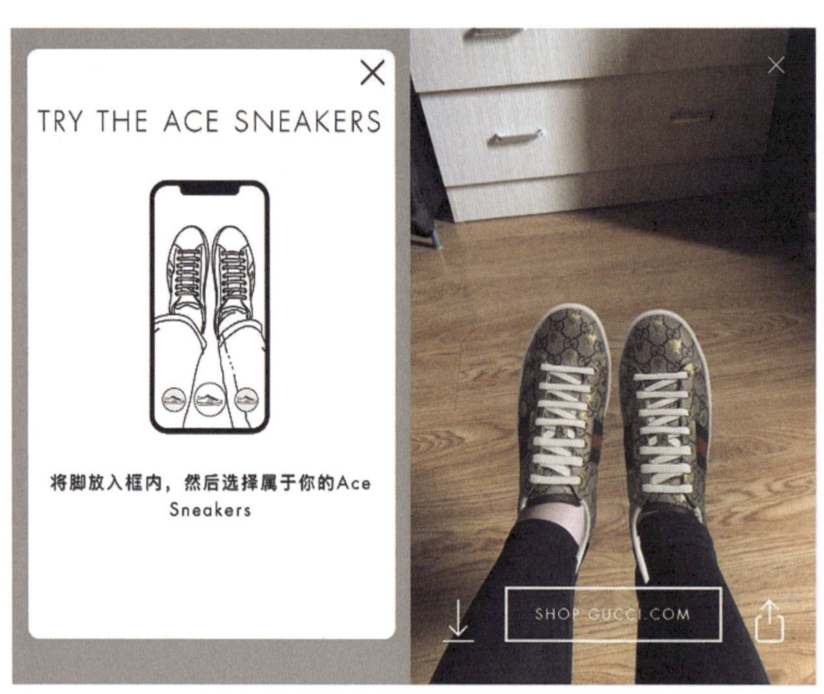

图 2.8　Ace 运动鞋 AR 应用

总之，AR 技术使广告商能够创建更具互动性、使人身临其境的广告活动，为广告商创造了一系列新的可能。本节讨论的应用案例展示了 AR 技术在广告领域的多功能性和实用性。通过 AR 技术，广告商可以提供更具吸引力和个性化的广告体验，从而引起观众的共鸣。随着 AR 技术的不断发展，我们很可能会在广告领域看到该技术的更多创新用途。

第四节　AR+游戏娱乐

AR 技术通过创造与视频游戏进行交互的全新方式，模糊了现实世界和虚拟世界之间的界限，为玩家带来身临其境的交互式游戏体验。在本节中，我们将探讨 AR 技术在游戏娱乐领域的应用案例，并对其进行分析。

AR 技术在游戏中的主要应用案例之一是创建 AR 游戏。通过 AR 技术，游戏开发人员可以创建将玩家的现实环境融入游戏玩法的游戏。除了前文提及的 AR 游戏《精灵宝可梦 GO》外，还有其他的游戏也采用了类似的 AR 技术和创意。比如《哈利 · 波特：巫师联盟》（*Harry Potter*：*Wizards Unite*）游戏，玩家需要在现实世界中寻找神秘物品、解锁魔法技能，并与其他玩家合作对抗黑暗势力。游戏成功地将哈利 · 波特世界与 AR 技术相结合，为玩家带来了沉浸式的魔法体验，如图 2.9 所示。

AR 游戏可以鼓励玩家在现实世界中相互合作，共同完成任务，增强游戏的社交性。*Minecraft Earth* 是一款基于 AR 技术的沙盒游戏，玩家可以在现实世界中建造、探险，并与

图 2.9 《哈利·波特:巫师联盟》AR 游戏

其他玩家互动。游戏将经典的 Minecraft 游戏玩法扩展到现实世界，为玩家提供了全新的创意空间，如图 2.10 所示。

图 2.10 *Minecraft Earth* AR 游戏

AR 游戏可以根据玩家的地理位置信息，为玩家提供定向的任务和活动，提高游戏的参与度。*Ingress* 是一款由 Niantic Labs 开发的基于位置的 AR 游戏，最早于 2012 年 11 月上线。这是一款基于 AR 技术的地理位置游戏，玩家需要在现实世界中寻找虚拟能量点，并与其他玩家争夺控制权。游戏鼓励玩家在现实世界中探险、合作与竞争，是 AR 游戏的成功案例，如图 2.11 所示。

总之，AR 技术使开发人员能够给予玩家更好的游戏体验，从而为游戏行业创造了一系列新的可能。本节讨论的应用案例展示了 AR 技术在游戏娱乐中的多功能性和实用性。通过 AR 技术，游戏开发者可以开发出更具吸引力和个性化的游戏，从而引起玩家的共鸣。随着 AR 技术的不断发展，我们很可能会看到这项技术在游戏娱乐领域的更多创新用途。

图 2.11　*Ingress* AR 游戏

第五节　AR+旅游

AR 技术能够使旅行者拥有身临其境的互动式旅行体验，增强他们对目的地的了解，并为他们提供有价值的信息。在本节中，我们将探讨 AR 技术在旅游领域的应用案例，并对其进行分析。

AR 技术在旅游领域的主要应用案例之一是创建 AR 城市指南。通过 AR 技术，旅游公司可以创建城市指南，为用户提供更具互动性的体验。例如 Street museum 是伦敦博物馆推出的一款基于 AR 技术的旅行指南应用，用户可以通过手机摄像头查看伦敦街头的历史照片，了解城市的历史变迁，如图 2.12 所示。

图 2.12　Street museum AR 应用

AR 技术还可用于热门旅游目的地的虚拟游览。通过 AR 技术，旅行者可以以更具互动性的方式探索旅游目的地和文化遗址。例如,博物馆的虚拟游览可以让游客更具体地了解展品。比如 Museum Alive 是一款基于 AR 技术的博物馆导览应用,它可以让游客与博物馆的展品进行互动,例如将自然博物馆的模型带到现实环境中,增强游客的参与度和体验感,如图 2.13 所示。

图 2.13 Museum Alive AR 应用

总之,AR 技术能够使旅游公司增强游客的旅游体验,为旅游业创造了一系列新的可能。本节讨论的应用案例展示了 AR 技术在旅游领域的多功能性和实用性。随着 AR 技术的不断发展,我们很可能会看到这项技术在旅游领域的更多创新用途。

第六节 AR+医疗事业

AR 技术可通过创新方法改善患者就诊体验、提高医疗效率,从而促进医学领域的发展。AR 技术使医疗专业人员和患者能够获得交互式和身临其境的体验,从而增强他们对医疗状况的理解并为他们提供有价值的信息。在本节中,我们将探讨 AR 技术在医学领域的应用案例,并对其进行分析。

AR 技术在医学上的主要应用案例之一是创建 AR 辅助系统。借助 AR 技术,医生和护士可以在为患者治疗的过程中更准确、更快速地了解患者的内部结构和血管结构。例如,AccuVein 是一款基于 AR 技术的静脉显像设备,可以帮助医护人员快速、准确地找到患者的静脉,提高静脉穿刺的成功率,如图 2.14 所示。

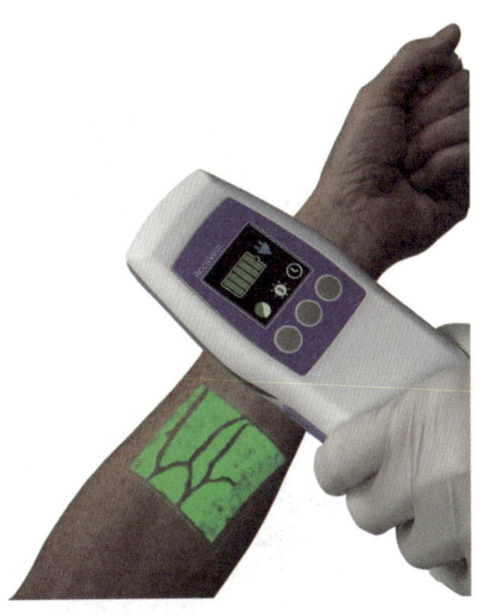

图 2.14 AccuVein AR 应用

AR 技术还可用于创建增强现实训练模拟。通过 AR 技术,可以以更具交互性和身临其境的方式对医疗专业人员进行培训。例如，外科医生可以使用AR眼镜在模拟环境中练习复杂的外科手术，然后再对患者进行手术。AnatomyAR+是一款基于AR技术的解剖学教育应用，可以帮助医学生和教育工作者通过沉浸式的AR体验更好地理解和学习解剖学知识，如图2.15所示。

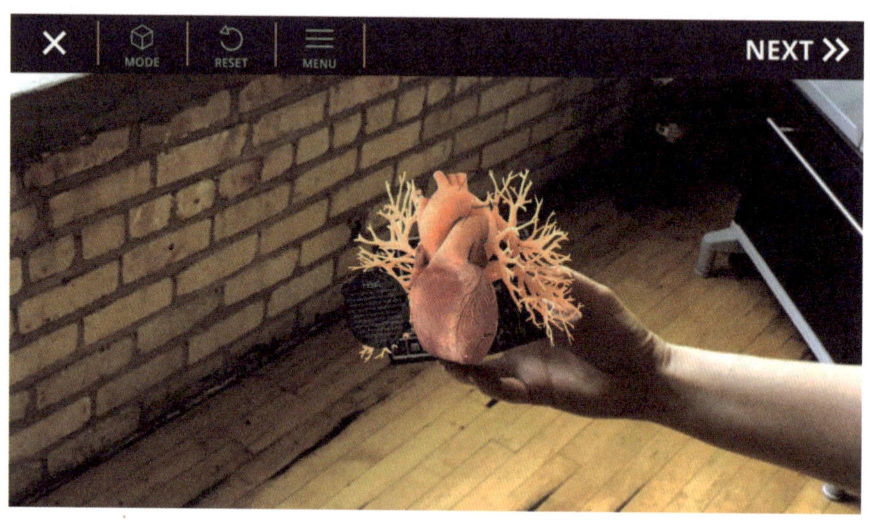

图2.15　AnatomyAR+ AR应用

AR技术在医学中的另一个应用是创建增强现实患者教育材料。通过AR技术，患者可以更好地了解自己的医疗状况和治疗方案。例如，Brain Power是一款针对孤独症儿童的AR教育应用，通过AR技术帮助孤独症儿童学习社交技能、提升情感识别能力等，从而提高孤独症儿童的生活质量，如图2.16所示。

图2.16　Brain Power AR应用

总之，AR 技术能够为医疗专业人员及患者创造更具互动性和身临其境的医疗体验，为医疗行业创造了一系列新的可能。本节讨论的应用案例展示了 AR 技术在医学领域的多功能性和实用性。通过 AR 技术，医疗专业人员可以制定更准确和个性化的医疗方案，从而改善患者的治疗效果并提高医疗效率。随着 AR 技术的不断发展，我们很可能会看到该技术在医学领域的更多创新用途。

第七节　AR+工业领域

随着科技的不断发展，AR 技术在工业领域的应用越来越广泛。本节将对 AR 技术在工业领域的应用进行研究分析，并通过实际应用案例来举例说明，以便读者更好地理解 AR 技术的潜力。

制造业是 AR 技术应用的重要领域。通过 AR 技术，工程师和技术人员可以在现实环境中查看虚拟的组装和维修指导，从而提高生产效率和质量。例如，波音公司通过 AR 技术为工程师提供实时的组装指导，缩短了培训时间。AR 技术的使用使得工程师大幅提高了组装速度，并有效降低了错误率。波音公司技术人员佩戴 AR 眼镜、使用 AR 应用辅助组装和维修现场如图 2.17 所示。

图 2.17　波音公司 AR 技术辅助维修现场

在能源行业，AR 技术还可以帮助工程师实时查看电网设备信息、运行状态、故障诊断等，提高了现场工作的效率，增强了安全性。例如，德国某电力公司使用 AR 技术为工程师提供实时的电网设备信息，使得工程师能够在现场快速定位问题并进行处理，如图 2.18 所示。

物流行业对于仓库管理和货物分拣的效率和准确性要求极高，AR 技术可以提供实时的货物信息和导航，帮助工作人员更高效地完成任务。例如，德国某邮政公司使用 AR 技术为仓库工作人员提供实时的货物位置和分拣路线信息，大大提高了工作人员的分拣效率，如图 2.19 所示。

本节从多个方面探讨了 AR 技术在工业领域的应用及其价值。通过实际案例分析，我

图 2.18　德国某电力公司的工作人员使用 AR 技术辅助维修现场

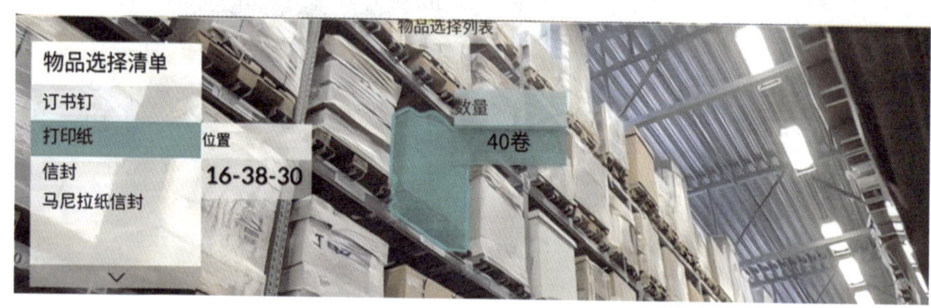

图 2.19　德国某邮政公司的工作人员使用 AR 技术管理货物

们可以看到 AR 技术在制造业、能源、物流等领域发挥了巨大的作用，提高了生产效率、降低了错误率、增强了安全性。然而，AR 技术在工业领域的推广和应用仍面临一些挑战。首先，AR 设备的成本相对较高，限制了其在一些中小企业的应用。其次，AR 技术在数据安全、隐私保护等方面仍然存在一定的风险。最后，AR 技术的推广和应用需要企业进行人员培训和技术更新，增加了企业的投资成本。

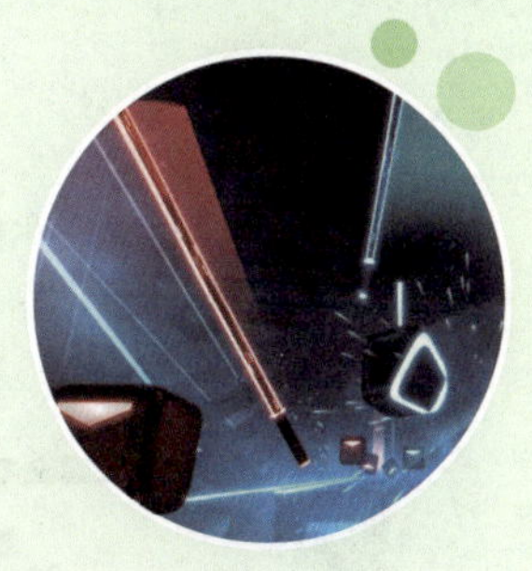

第三章 AR 工具与设备

第一节 AR 的主流技术工具

AR 技术近年来广受人们欢迎，因此出现了大量的技术工具来支持 AR 应用程序的开发和部署。这些工具的范围从创作软件到开发框架和硬件设备。在本节中，我们将探讨一些用于 AR 技术开发的主流技术工具。

Unity：Unity 是一款主流的游戏开发引擎，同时还提供对 AR 技术开发的支持。它拥有一套全面的工具，可用于为各种平台（包括移动设备、桌面和 Web）创建和部署 AR 应用程序。其中 Unity MARS 为各行各业的 AR 创作者提供了专业的工具并简化了工作流程，方便其制作与现实世界进行智能交互的 AR 应用程序，如图 3.1 所示。

图 3.1 Unity MARS 程序界面

ARKit 和 ARCore：ARKit 和 ARCore 是软件开发工具包（SDK），可为开发人员提供工具，亦可分别为 iOS 和 Android 设备创建 AR 应用程序。它们提供了广泛的功能，包括运动跟踪、环境识别和场景理解，如图 3.2 所示。

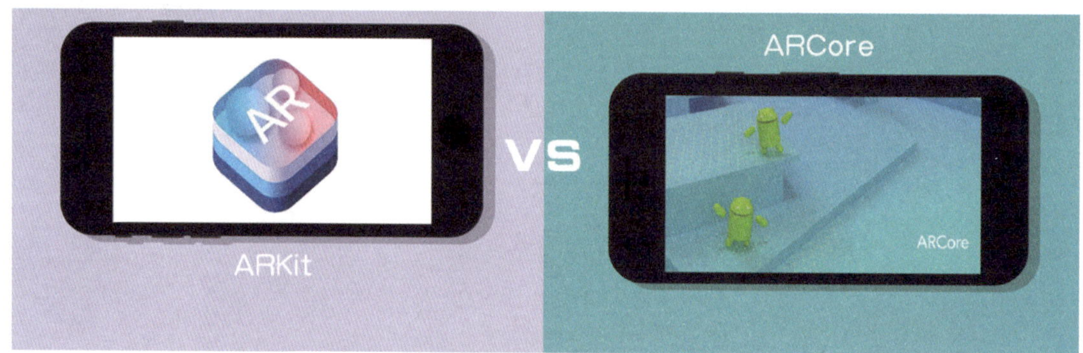

图 3.2 ARKit 和 ARCore

Vuforia Creator：Vuforia Creator 是一个 AR 开发平台，可为开发人员提供创建基于图像和对象识别的 AR 应用程序的工具。它提供广泛的功能，包括 3D 对象跟踪、智能地形和文本识别。Vuforia Creator 是被开发人员广泛使用的 AR 开发平台，目前全球开发者已经基于 Vuforia Creator 平台开发了超过 4.5 万款 AR 应用程序，并支持在智能手机、平板电脑和智能眼镜上使用，如图 3.3 所示。

图 3.3 Vuforia Creator

ZapWorks：ZapWorks 是一个 AR 创作平台，允许设计人员和开发人员在没有任何编码知识的情况下创建和部署 AR 内容。它包括一个拖放界面、3D 模型导入区和一系列交互元素，如图 3.4 所示。

EasyAR：EasyAR 是目前国内知名的 AR Cloud、AR 云服务提供商，它推出了集 AR SDK、AR 内容创作工具、AR 云识别服务、AR 运营系统于一体的开放平台及企业级解决方

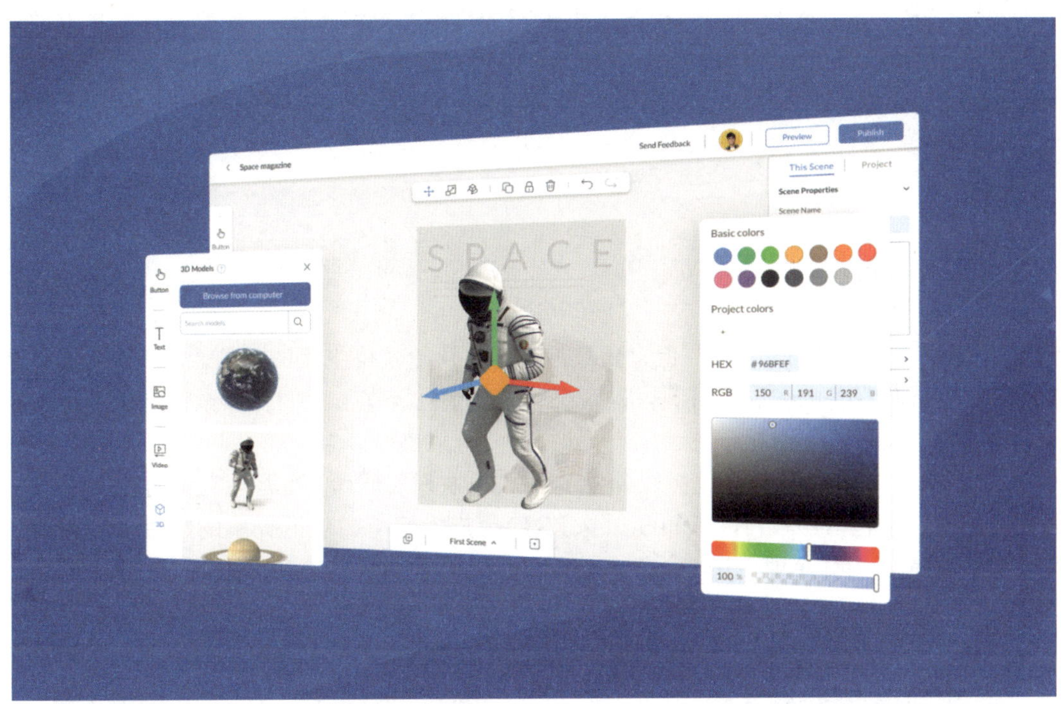

图 3.4　ZapWorks

案，也是目前国内较大的 AR 技术开放平台。EasyAR 常用于 AR 互动营销技术和解决方案，服务遍布手机 APP 互动营销、户外大屏幕互动活动、网络营销互动等领域，应用于网络推广、消费品、发布会、零售、主题公园及博物馆，如图 3.5 所示。

图 3.5　EasyAR

总之，AR 技术为各行各业的创新提供了新的机遇。这些主流的技术工具所具有的一系列特性和功能，使开发人员、设计人员和创作者可以更轻松地构建使人身临其境的交互式 AR 应用程序。随着 AR 技术的不断发展，我们期待可以看到更多样化的工具出现，以支持其开发和部署。

第二节　AR 的硬件设备

AR 技术已经存在了几十年，但直到最近几年才开始获得主流的关注。AR 技术的日益普及促进了硬件设备的发展，包括耳机、眼镜和智能手机。本节我们将探索市场上一些流行的 AR 硬件设备。

HoloLens 2：HoloLens 2 是微软开发的一款增强现实眼镜，可提供完全身临其境的增强现实体验。它包括一系列传感器和摄像头，使用户能够与物理世界中的数字内容进行交互。HoloLens 2 专为企业使用而设计，高级的功能使其非常适合用于制造、医疗保健和教育领域，如图 3.6 所示。

图 3.6　HoloLens 2 宣传示意

Magic Leap One：Magic Leap One 是一款提供混合现实体验的 AR 眼镜。它包括一系列传感器、摄像头和扬声器，允许用户与物理世界中的数字内容进行交互。Magic Leap One 专为消费者使用而设计，是游戏、娱乐和创意应用的理想选择，如图 3.7 所示。

Apple iPhone 和 iPad：最新型号的 Apple iPhone 和 iPad 具有先进的 AR 功能。它们包括一系列传感器、相机和处理器，允许用户与物理世界中的数字内容进行交互。Apple iPhone 和 iPad 非常适合消费者使用，其先进的功能使其成为游戏、娱乐和创意应用的理想选择，如图 3.8 所示。

图 3.7 Magic Leap One 宣传示意图

图 3.8 Apple iPad

HiAR Glasses：亮风台成立于 2012 年，是中国首批 AR 专业公司，全球领先的 AR 平台级技术、产品和服务提供商，旗下主要 AR 眼镜产品智能眼镜 HiAR G200 是亮风台 HiAR Glasses 系列新一代双目 AR 智能眼镜，也是率先创造配备 4G 通信功能的企业级增强现实移动终端。它以人为中心，外观简约、佩戴平稳、携带轻巧、性能强大，能够很好地增强人与周围环境的互动，为用户的工作、学习赋能。适用于工业、安防、教育等领域，如图 3.9 所示。

AR 技术的日益普及推动了硬件设备的开发，使用户能够与物理世界中的数字内容进行交互。这些设备包括 AR 耳机、眼镜和智能手机，适用于企业、游戏和创意等多种应用场景。

图 3.9　HiAR Glasses 宣传示意图

第四章 交互引擎基础

第一节 交互引擎 Unity 简介

一、Unity 简介

Unity 引擎是一种用于创建游戏和其他交互式体验的跨平台游戏引擎。它是由 Unity Technologies 公司开发的，使用该引擎开发的项目可以在多个平台上发布并运行，包括 Windows、Mac OS、Linux、Android、iOS 和 WebGL 等，它是国际领先的专业交互引擎之一，全球的开发者都会使用 Unity 开发游戏及交互应用。

Unity 引擎提供了许多工具和功能，包括图形渲染、物理模拟、音频管理、动画、碰撞检测和网络功能等。它还具有简洁的界面和脚本语言，使得开发者可以快速创建高质量的游戏和应用程序，如图 4.1 所示。

图 4.1 利用 Unity 创建的游戏的画面

除了游戏，虚拟仿真及增强现实等交互应用的开发也是它的强项。Unity 的虚拟仿真技术被广泛应用于模拟训练，包括航空、医疗和工业等领域，例如 3D 机械臂模拟（见图 4.2）。

另外在可视化设计方面，Unity 提供了强大的工具和功能，以帮助设计师和建筑师在设计过程中进行可视化呈现和沟通。在交互体验方面，Unity 的交互性工具和技术使开发者能够创建高度交互的虚拟体验，包括互动式展览、虚拟演艺等。

图 4.2　3D 机械臂模拟案例

Unity 引擎被广泛应用的领域还有仿真模拟，通过仿真技术可以大大降低产品的研发成本，例如汽车造型设计中的气流风阻实验，如图 4.3 所示。

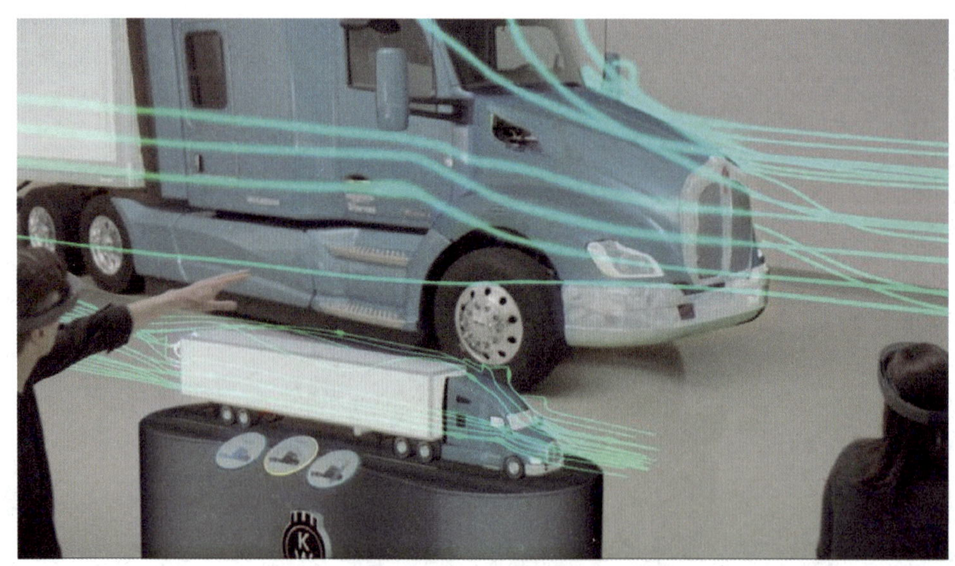

图 4.3　气流风阻实验仿真模拟

Unity 通过一次开发就可以部署到目前所有主流的游戏平台，包括 Windows、Linux、MacOS、iOS、Android、Xbox、PS4/5、Switch 和 WebGL 等，用户无须二次开发和移植，就可以将产品轻松部署到相应的平台，节省了大量的时间和精力，如图 4.4 所示。

图 4.4　各发布平台

二、Unity 资源商店

Unity 的资源商店是一个集成在 Unity 编辑器中的在线商店，它提供了各种各样的资源，包括 3D 模型、纹理、音效、插件、工具等等。这些资源可以帮助开发者更快速地创建游戏和其他交互式内容。Unity 资源商店还提供了一些免费资源和付费资源，开发者可以根据自己的需求选择适合自己的资源。

要访问 Unity 资源商店，可以在 Unity 编辑器中单击菜单栏中的“Window”选项，然后选择“Asset Store”。在资源商店中，可以浏览和搜索各种资源，并查看它们的详细信息、评级和评论。如果用户想要购买或下载某个资源，可以使用 Unity ID 登录并进行相应的操作。

第二节　Unity 引擎的安装

本节以 Unity 2021 版本为例进行安装讲解，安装 Unity 引擎可以按照以下步骤进行操作。

首先，国内可访问 Unity 中国官网 https://unity.cn/，单击页面右上角的用户图标，单击“登录”按钮，如图 4.5 所示。如果没有账号，可单击“注册”按钮创建一个 Unity 中国账号。

登录后，单击页面右上角的“下载 Unity”按钮，如图 4.6 所示。

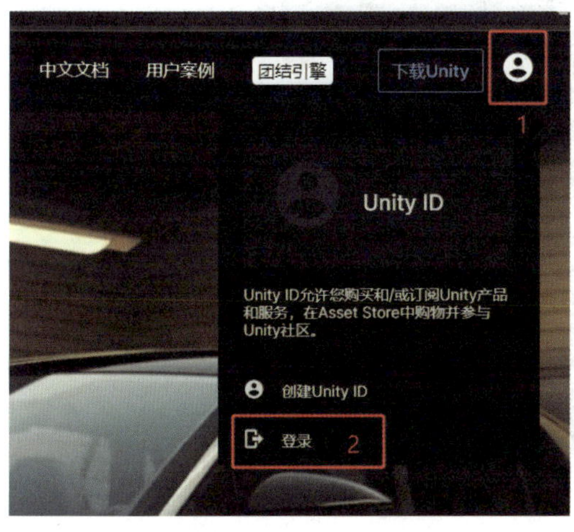

图 4.5　用户登录界面

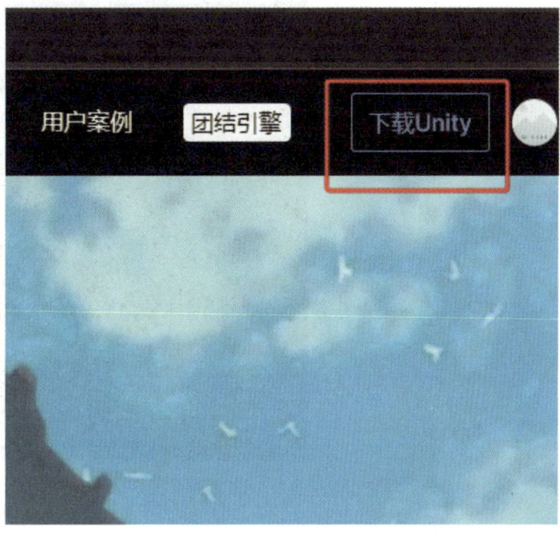

图 4.6　下载 Unity

在下载页面，单击“Unity Hub”选项卡，然后单击“下载 Unity Hub”按钮，如图 4.7 所示。

下载完成后，运行 Unity Hub 安装程序，并按照提示完成 Unity Hub 的安装。启动 Unity Hub，并使用之前创建的 Unity 中国账号登录，登录后会跳转到网页，登录后单击“打开 Unity Hub”，并勾选“始终允许”，如图 4.8 所示。

图 4.7　下载 Unity Hub

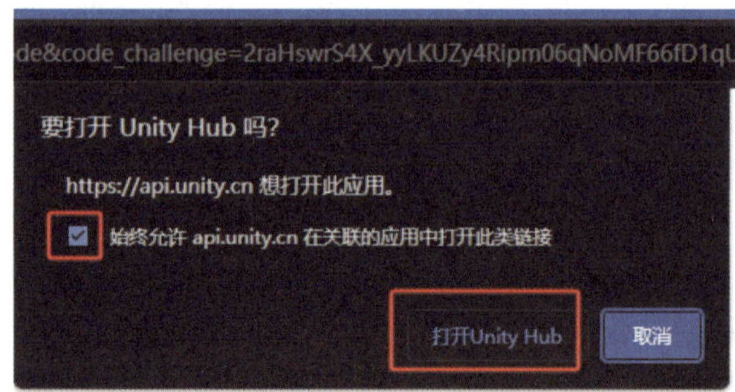

图 4.8　打开 Unity Hub

登录后，在下一页中，会提示“激活 Unity”，可以选择 Unity 的许可证类型。如果是个人用户或小型团队，可以选择“获取免费的个人版许可证”。如果是企业用户或需要更高级别的功能和支持，可以选择付费的专业版或企业版许可证。这里普通用户可以选择激活个人版，如图 4.9 所示。

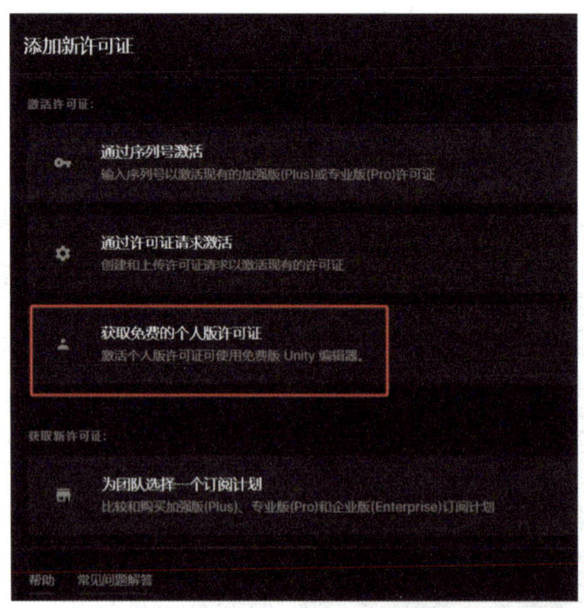

图 4.9　激活个人账号

完成之后，Unity 会默认推荐安装一款编辑器，如果想要手动安装指定的版本，可以先跳过这个版本，然后进入 Unity Hub 界面，在 Unity Hub 界面中单击左上角的“安装”按钮，如图 4.10 所示。

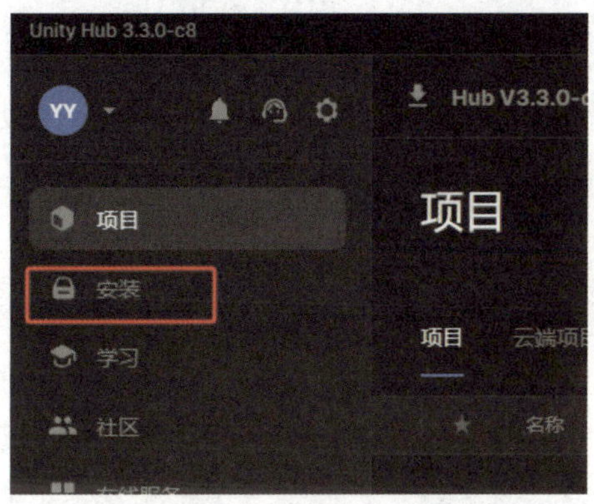

图 4.10 单击“安装”按钮

在安装页面，选择“安装 Unity 编辑器”，选择 Unity 2021 版本，如图 4.11 所示。

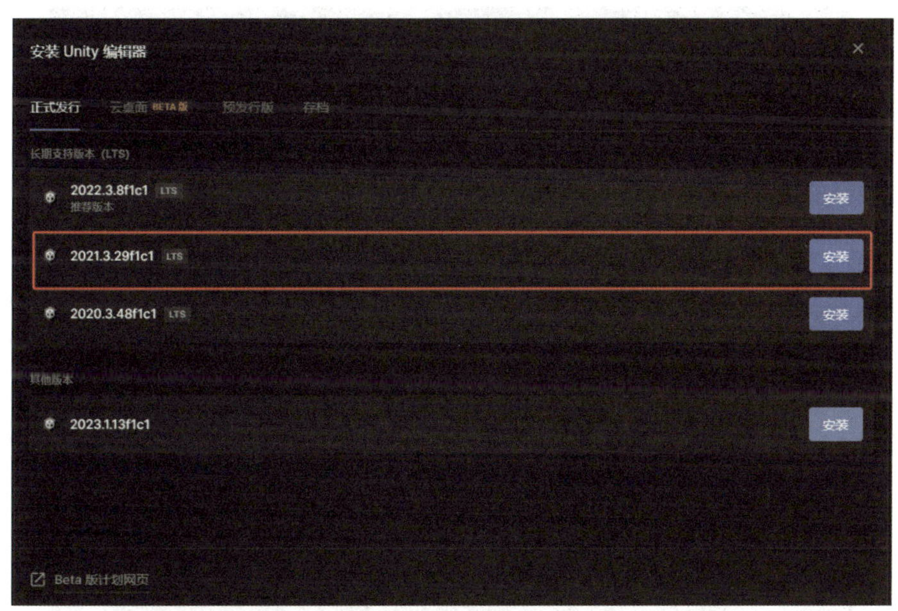

图 4.11 选择版本

单击“下一步”按钮，然后选择 Unity 的安装路径和组件。安装开始时需要选择模块，如果作为初学者，可以先不安装 Visual Studio 编程模块，但需要勾选“简体中文”支持模块，然后单击“继续”，如图 4.12 所示。

安装完成后，在项目面板上单击“新项目”按钮，如图 4.13 所示。模板选择“3D”，单击“创建项目”，如图 4.14 所示，启动 Unity 2021。

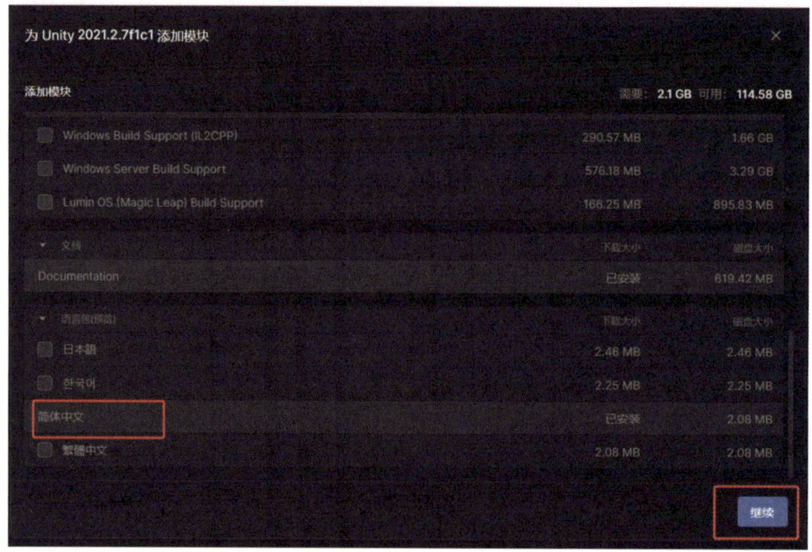

图 4.12 简体中文模块安装流程

图 4.13 创建项目

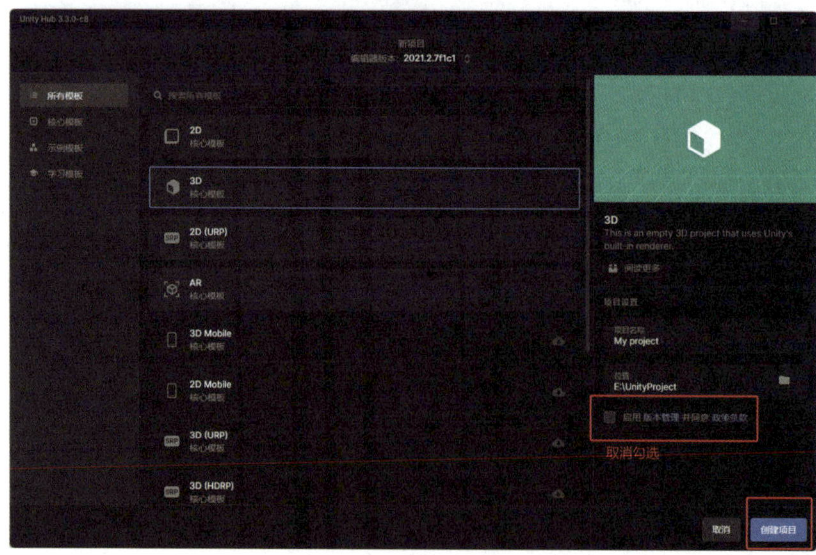

图 4.14 启动 Unity 2021

在 Unity 编辑器中，单击菜单栏的“Edit”（编辑）按钮，在下拉菜单中，选择“Preferences”（首选项），如图 4.15 所示。

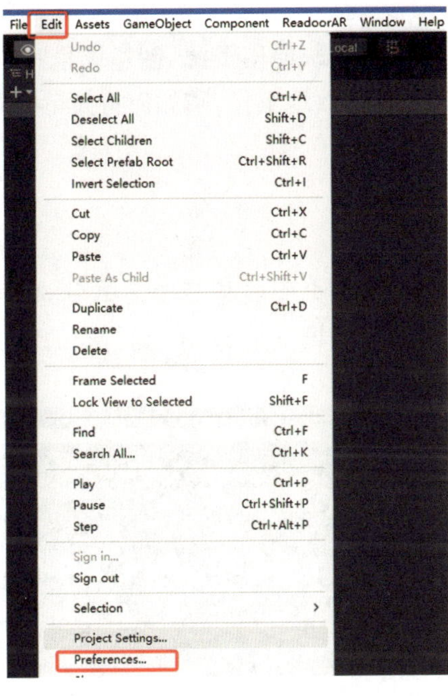

图 4.15　进入参数设置界面

在 Preferences 窗口中，选择“Languages”（编辑器语言），选择“简体中文（Experimental）”，如图 4.16 所示。

关闭 Unity 并重启项目，Unity 编辑器将切换到中文界面，如图 4.17 所示。

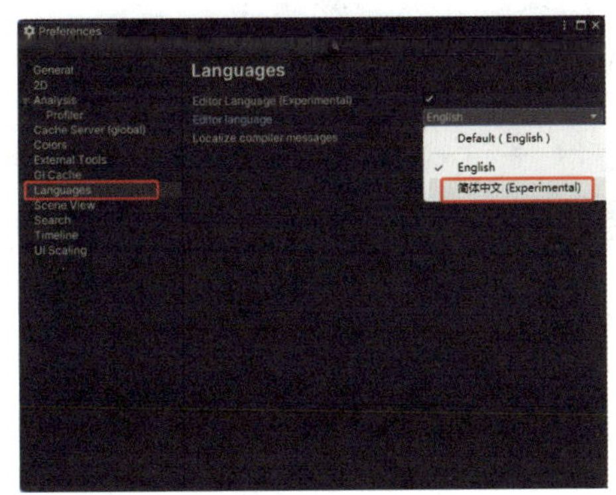

图 4.16　选择简体中文

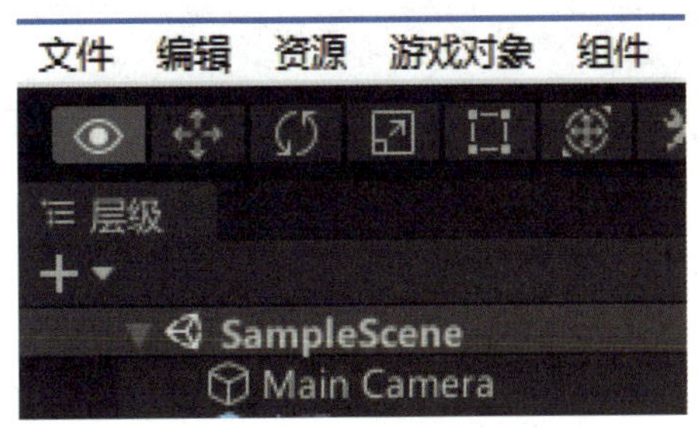

图 4.17　切换中文版完成

第三节 交互引擎基础操作

本节将介绍 Unity 的界面、菜单项、使用资源、创建场景和发布，能够让读者理解 Unity 是如何工作的，以及如何使其更加有效地工作，和如何将简单的游戏放在一起。

一、界面学习

（一）窗口布局

安装完 Unity 之后可以通过双击桌面或是开始菜单中的快捷方式打开，当它第一次运行时将看到如图 4.18 所示的场景，该场景是 Unity 运行时的默认场景。

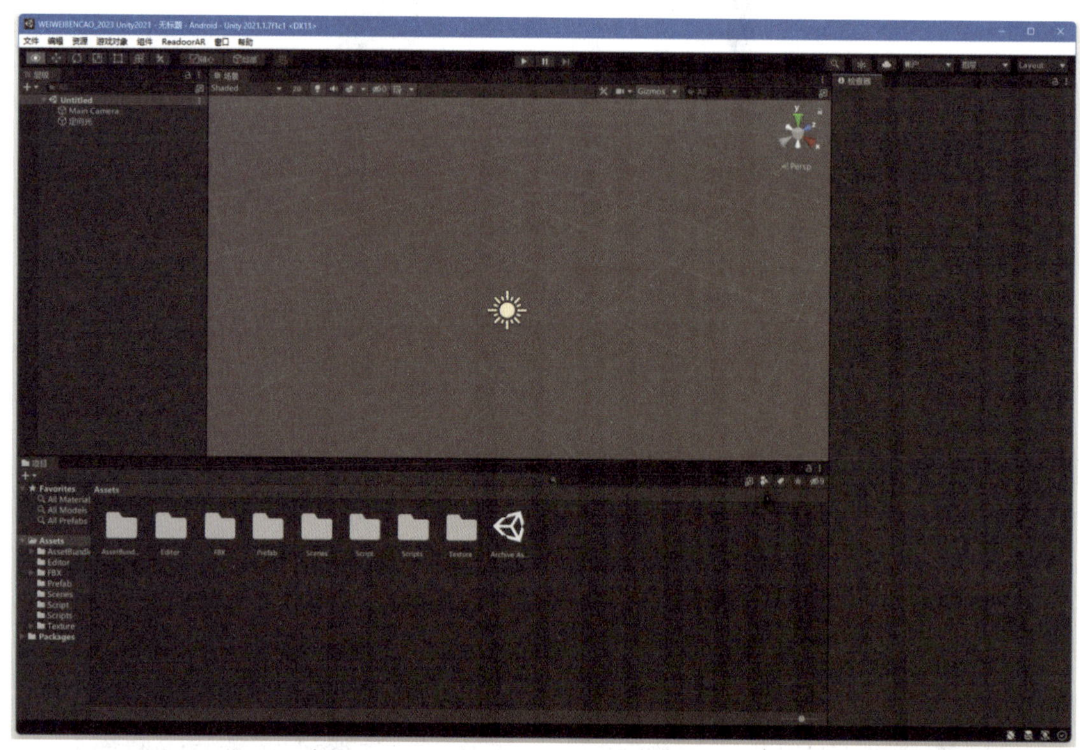

图 4.18 初始界面

主窗口的每一个部分都被称为视图(View)。在 Unity 中有多种类型的视图，但是不需要同时看到所有的视图。不同的“布局模式”(Layout Mode)包含的视图是不同的。通过单击布局下拉控件，可以选择不同的布局，该控件位于窗口的右上角，如图 4.19 所示。

通过视图左上角的名称可以迅速地分辨这些视图。这些视图是场景视图(Scene View)、游戏视图(Game View)、项目视图(Project View)、层级视图(Hierarchy View)、检查器视图(Inspector View)等。“场景视图”是 3D 场景的操作视图，下文将对这些视图进行具体解释。

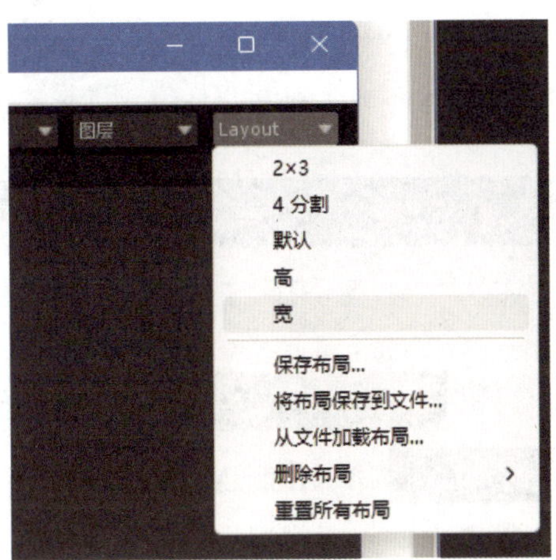

图 4.19　布局界面

（二）场景视图

“场景视图”(Scene View)是一个可交互式的沙盘。可以使用它来选择并在场景中定位所有的游戏对象(Game Objects)，包括玩家、摄像机、敌人等，如图 4.20 所示。在“场景视图”中操纵并修改物体是 Unity 非常重要的功能。这是通过设计者而不是玩家的角度来查看场景的方法。在“场景视图”中可以随意移动并操纵物体，但是应该知道一些基本的命令，以便有效地使用“场景视图”。

图 4.20　场景视图

使用“居中”命令将居中显示当前选中的物体。可以在“层级视图”(Hierarchy View)中单击任何物体，然后移动鼠标到“场景视图”上并按下F键。“场景视图”将移动以居中显示当前选择的物体。这个命令是非常有用的，在场景编辑的时候经常需要使用它。

在“场景视图”中操作时，其上方有一个包含布局模式选择的工具栏，如图4.21所示。

图4.21　工具栏

位于工具栏左侧的四个按钮 可用来在“场景视图”中导航并操纵物体，中间的两个按钮 用来控制选中的物体轴心的显示方法。

(1) 选中任何操纵工具(见表4.1)可对模型进行移动、旋转或缩放。当已经选择了一个工具时，可以在“场景视图”中单击任何一个物体选中它，按下F键使得该物体“居中”显示。

表4.1　操纵工具示意

操纵工具	图　片
平移工具W键	
旋转工具E键	
缩放工具R键	

(2) 当选中一个物体时可以看到“Gizmo坐标”，每个工具有不同的“Gizmo坐标”形式(见表4.2)。单击并拖动当前“Gizmo坐标”的任何一个坐标轴以便平移、旋转或缩放当前选中物体。也可以通过单击并拖动“Gizmo坐标”的中心来在多个轴上操纵物体。如果有一个三键的鼠标，可以通过单击中键来切换而不用直接单击坐标轴。

表4.2　Gizmo坐标形式

操纵方式	图　片
平移	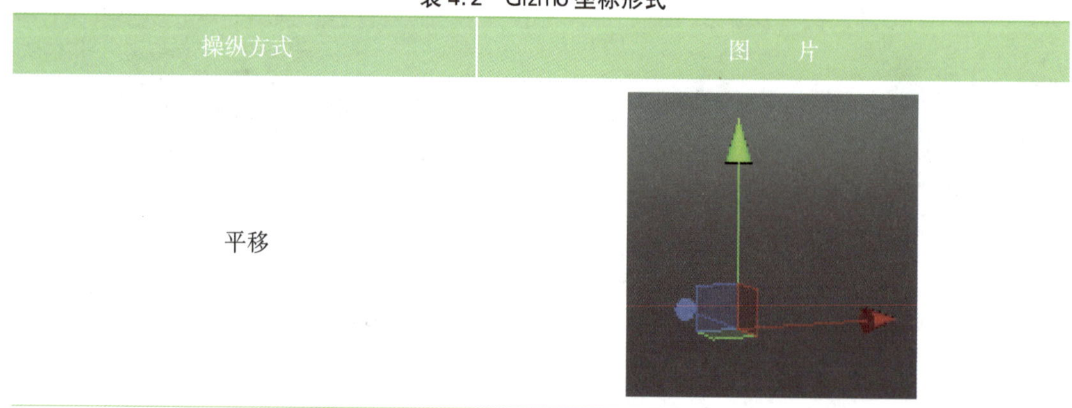

（续　表）

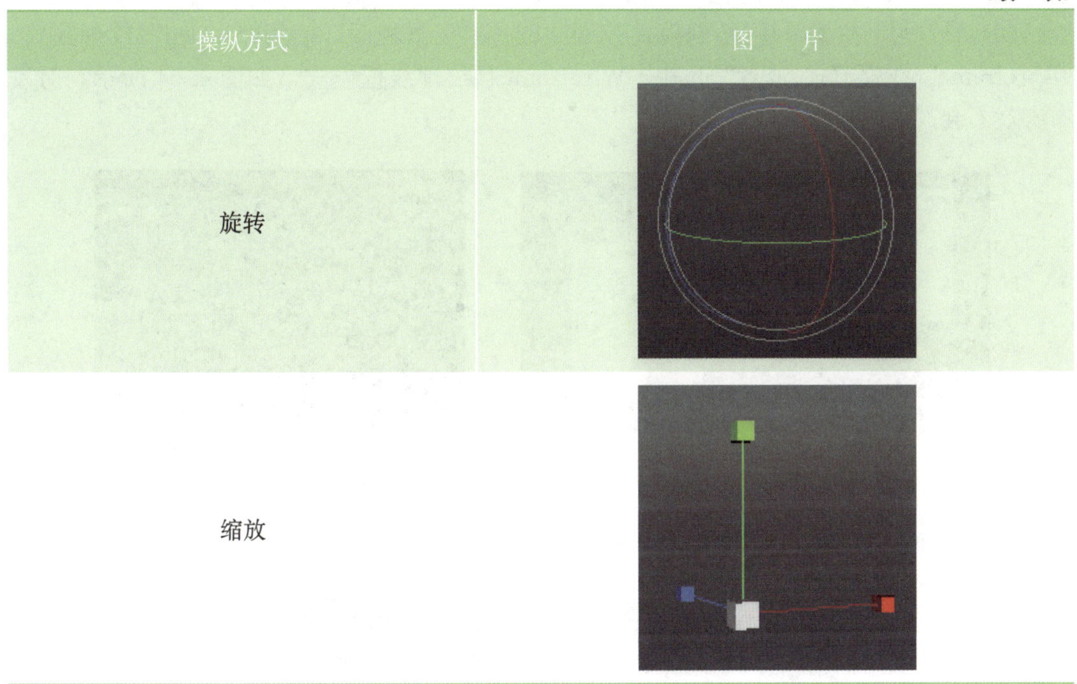

操纵方式	图　片
旋转	
缩放	

(3) “手柄位置工具”(Handle Position Tool)用来控制物体或一组选中的物体的轴心的情况及显示位置。手柄位置工具选择“中心”(Center)意味着将使用当前所选所有物体的共同轴心，选择“轴心”(Pivot)意味着将使用各个物体的实际轴心。

(4) 在“场景视图”中导航时，根据用户所用鼠标的差异，可采用多种方式。

使用三键鼠标按住 Alt 键并拖动鼠标左键可以使用“旋转模式”(Orbit Mode)。视图工具的拖动模式快捷键为 Q 键。按住 Alt 键并拖动鼠标中键可以使用“拖动模式”(Drag Mode)。在“拖动模式”(Drag Mode)下，可以在“场景视图”中单击并拖动鼠标来上下左右移动视图。“旋转”(Orbit Mode)和“缩放”(Zoom Mode)模式也是常用的视图工具。选中视图工具，并按住 Alt 键即可进入“旋转模式”(Orbit Mode)。单击并拖动鼠标，可以看到视图是如何旋转的。同时视图工具的按钮从手形变成了眼睛形。按住 Alt 键并拖动鼠标右键可以使用“缩放模式”(Zoom Mode)，也可以使用滚轮来缩放。在这种模式下，单击并拖动鼠标右键可以前后缩放视图。缩放模式的图标是一个放大镜。

所有视图的顶部都有不同的“控制栏”(Control Bar)，“场景视图”控制栏拥有多数选项，如图 4.22 所示。

图 4.22　控制栏

(5) 第一个下拉菜单为“视图选择器”。展开它可以改变当前视图。所有的视图都有这个选择器，如果用户想创建一个自定义的界面布局，它是非常有用的。每个视图都有“视图选择器”，在视图左上角的标签上单击鼠标右键就能够找到，如图 4.23 所示。

（6）下方的下拉菜单是“绘制模式”。可以选择“场景视图”，使用“Shaded”（纹理模式）“Wireframe”（线框模式）或者“Shaded Wireframe”（纹理线框模式），如图 4.24 所示。对发布游戏不会产生任何影响。

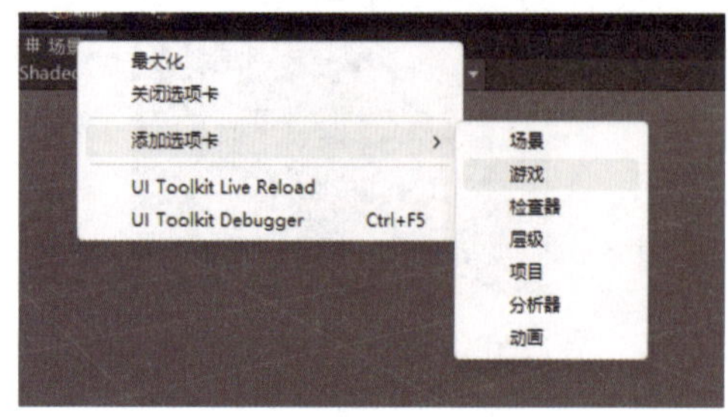

图 4.23　视图选择器

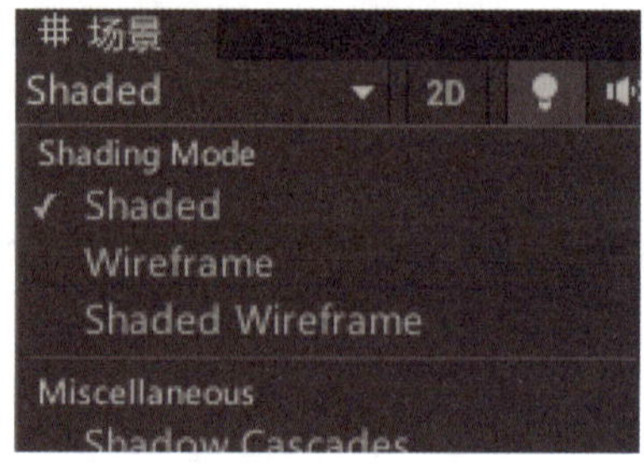

图 4.24　绘制模式

（7）右侧的功能按钮分别是“2D/3D 视角切换”“光照模式”“声音功能按钮”，如图 4.25 所示。

图 4.25　模式切换键

其中，左边的第一个按钮 2D 控制“正交模式”（Orthographic Mode），当开启“2D”功能后，将移除所有的景深效果。该按钮不会影响发布游戏。“正交模式”可用来精确定位物体，如图 4.26 所示。

图 4.26　正交模式

关闭“2D”模式后，如果切换到“3D”模式则会自动关闭景深相机，如图 4.27 所示。

图 4.27 景深相机

中间的“灯光按钮” 控制普通光照。当该按钮被禁用时，将看到整个场景中仅有简单的光照。当它被启用时，将看到场景中光照物体的效果。启用该按钮将允许在发布游戏时看到游戏中的光照效果。

第三个“声音功能按钮” 则是控制场景是否为静音状态。

（三）游戏视图

“游戏视图”(Game View)是游戏执行时画面的可见部分，如图 4.28 所示。

图 4.28 游戏视图

“游戏视图”使用场景中设置的摄像机信息来渲染。这个视图显示的是程序运行过程中将看到的场景。如果平移或者旋转场景的主摄像机，可以看到“游戏视图”的变化。需要使用一个或多个“摄像机”(Cameras)来控制用户在程序中实际看到的场景。

“播放”按钮和“状态栏”按钮 ▶ ⏸ ⏭ 用来在“游戏视图”中“播放”“暂停”和“步进”游戏。在构建场景过程中的任何时候，都可以进入“播放模式”(Play Mode)来观察游戏是如何工作的。

按下“播放按钮”(Play Button)进入播放模式。场景在播放模式下时依然可以移动、旋转和删除物体。同时也可以改变物体的设置。在播放模式下所做的任何改变都是暂时的，会在退出播放模式时重置。可以再次单击“播放”按钮退出。在播放模式下，可以停止或步进程序。构建场景过程中暂停并检视场景是发现问题的有效方法。

（四）项目视图及层级视图

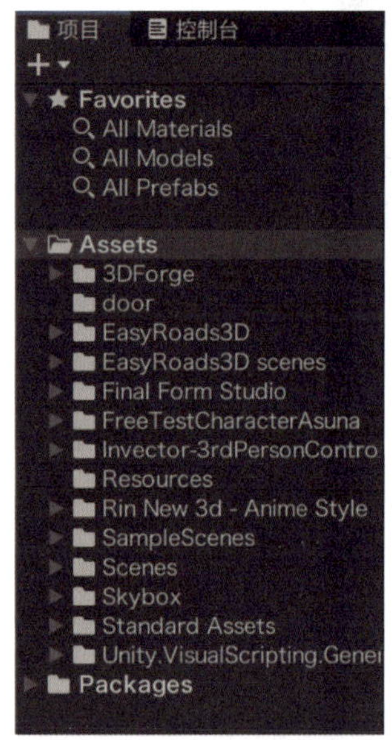

图 4.29 项目视图

(1)“项目视图”(Project View) 项目 又叫“工程视图”，用来存储所有资源，当创建一个工程时，将生成一组文件夹，其中一个被称为“资源”(Assets)文件夹。在“项目视图”中可以查看“资源”文件夹。如果打开“资源”文件夹，可以发现所有的项都将出现在“项目视图”中。在“项目视图”中，可以创建“资源”文件夹，并将其与资源连接在一起。这些关系将存储在工程文件夹的其他位置。从“项目视图”中移动资源将维持并更新文件之间的联系。从 Windows 资源浏览器目录中移除资源会断开联系。因此，最多只能使用 Windows 资源浏览器将文件添加到“资源”文件夹中。任何其他对资源的操作都应该在“项目”视图中进行，如图 4.29 所示。

导入物体后，一旦创建了“资源”(模型、图像、声音或者脚本)，就可以使用“项目视图”或 Windows 资源管理器将其正确地放置到“资源”文件夹下。进行这些操作的时候，Unity 可以处于打开状态。一旦切换到 Unity，新的资源将被检测到并自动导入。资源就可以在“项目视图”中出现。在“项目视图”中单击“+”号按钮 +▾ ，通过打开创建下拉列表来创建需要的物体。此外还可以使用 Ctrl 键+单击鼠标左键或右键在“项目视图”中打开相同的下拉列表。

图 4.30 创建下拉列表

使用创建下拉列表在“项目视图”中创建“文件夹”。然后可以重命名并使用该文件夹，就像在 Windows 中创建文件夹一样，并可以在“项目视图”中将任何资源拖动到文件夹中。例如可以创建一个名为 Scripts 的文件夹，并将所有的脚本文件放在其中，如图 4.30 所示。

在选中的文件上创建文件夹将创建嵌入式的文件夹。使用嵌入式的文件夹可以保持“项目视图”的整洁。注意：如果展开或折叠一个目录时按下了 Alt 键，所有的子目录都将展开或折叠。在控制栏上有一个“导入设置”(Import Settings)按钮，位于创建下拉列表的旁边。单击该按钮时，根据所选资源的不同将在导入设置弹出窗口中显示不同的选项。具体可参考导入资源(Importing Assets)部分。

项目视图中的“控制栏设置”(Settings)按钮将为当前选择的资源打开“导入”设置。利用创建下拉列表可在选择的目录下创建项目，创建文件夹是一种快速有效的方法来组织“项目视图”。

(2)“层级视图”(Hierarchy View)可显示当前场景中的所有物体。“层级视图”将显示当前打开的 Unity“场景文件”(Scene File)中的所有物体。它用于选择并组成物体。当从场景中添加或删除一个物体时，它将在层次中显示或消失。如果不能在“场景视图”中同时看到所有物体，可以使用层次来选择并查看它们，如图 4.31 所示。

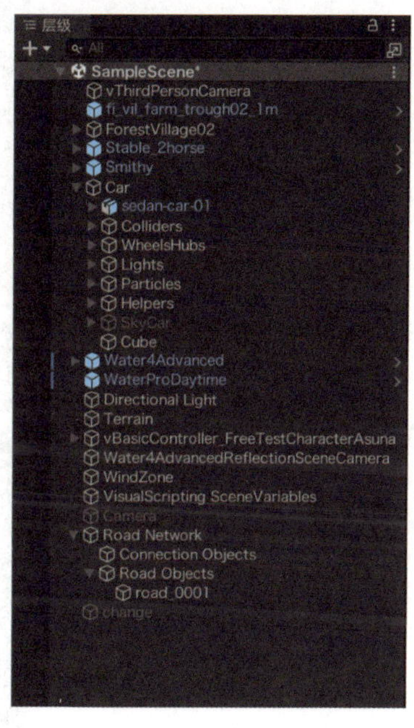

图 4.31　层级视图

Unity 使用了一个称为父子关系(Parenting)的概念。任何物体都可以成为另一个物体的父或子。一个子物体可以根据它的父物体继承、移动和旋转，父子关系对于组织场景、角色、接口元素或者保持场景整洁度有很大的用处。单击一个物体，并将其拖动到另一个物体上，可以建立父子关系，将会看到一个三角显示在新的父物体的左边，可以展开或折叠父物体，以便在层次中查看他的子物体，而不会影响游戏效果。

(五) 属性视图

“属性视图”可以显示当前选中物体的基本信息，也显示它所包含的组件(Component)和组件的属性，如图 4.32 所示。可以用来设置场景中的物体属性。当创建一个好玩的游戏时，可以在检查器视图上进行大量的排错。

1) “检查器视图”

“检查器视图”显示当前选中物体的基本信息和它的设置情况，每一个物体都包含许多不同的组件。当在“检查器视图”中查看物体时，每一个组件都有它自己的小标题栏。例如，每一个物体都包含变换组件(Transform Component)。每个组件的参数和设置都可以在“检查器视图”中修改。

物体结构在物体内部的组件将定义物体是什么以及做什么。将一个新的物体想象成一幅空白的画布，把每一个组件想象成不同的画笔。当组合设置不同的组件时，就像在绘画。特定的组件，就像不同颜色的画笔，合适的搭配可以很好地一起工作，不合适的搭配会产生冲突。可以使用组件(Component)菜单来为物体添加组件。

此外，在“检查器视图”中，已关联文档的组件都会在名称旁边显示问号，单击即可打开该组件的参考文档。

2) “时间线”(Timeline)视图

使用“时间线”视图可以为当前选中的物体创建动画。Unity 可以导入包含动画的文

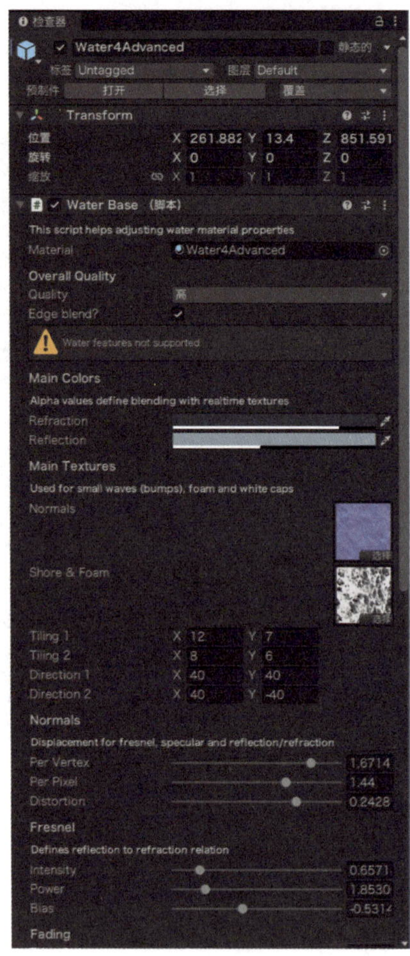

图 4.32　属性视图/检查器视图

件，可以使用“时间线”视图来制作基本的动画而无需使用 3D 动作软件。可以在窗口菜单中打开“动画面板”（时间线视图），如图 4.33 所示。

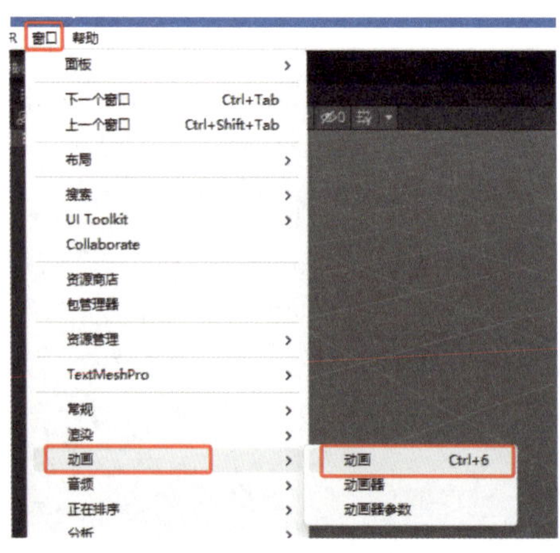

图 4.33　打开动画面板

可以通过拖拽窗口左上角的“动画”标签调整视图布局，如图 4.34 所示。

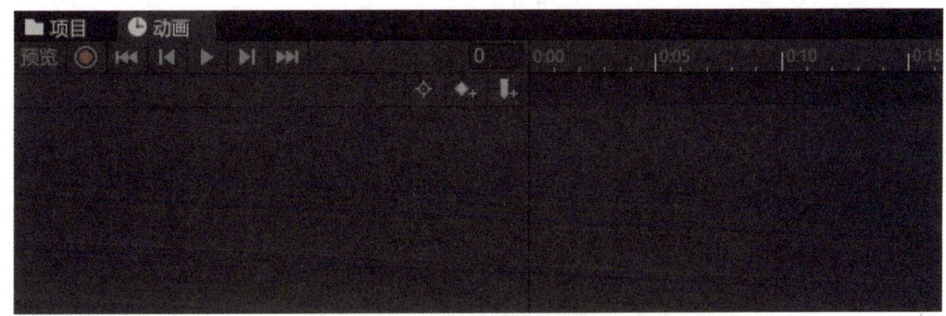

图 4.34　调整视图布局

3）“保存布局”

布局下拉列表可以选择或保存不同视图布局，以便在其他项目中读取这个视图布局，如图 4.35 所示。

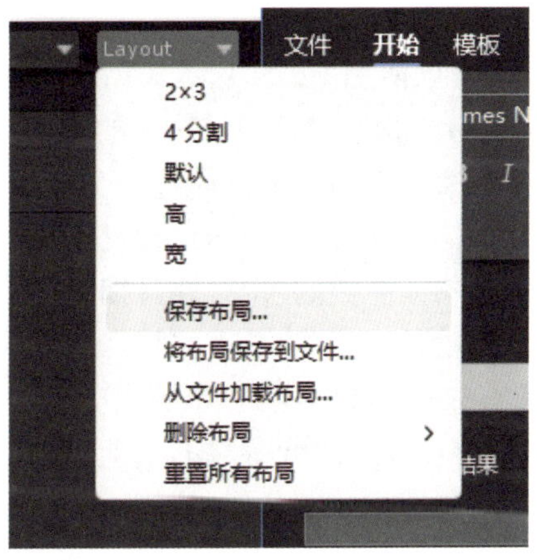

图 4.35　保存布局

二、资源流程(Asset Workflow)

首先，我们需要创建原始资源，可以使用任何 3D 建模软件来创建资源，例如 3D Studio Max 或 Autodesk Maya，并且导出 FBX 格式的模型文件。其次，需要导入资源，可直接将模型拖拽到 Unity“项目视图”的指定文件夹中，若 Unity 未打开，也可将其保存到工程文件夹的“资源”(Assets)文件夹中。当打开 Unity 工程时，这些资源将被检测到，并导入到工程中。当查看“项目视图”(Project View)时，可以发现已经保存的资源。最后，进行导入设置，如果选择了一个资源并单击“导入设置”(Import Settings)按钮，将出现一个对话框，该对话框的选项随着导入资源的不同而不同。向场景中添加资源可通过在“项目视图”中单击并拖动模型到“层级视图”(Hierarchy View)或“场景视图”(Scene View)实现。当拖动一个模型网格到场景中时，将创建一个拥有网格渲染组件(Mesh Render Component)的物体。如果导入的是图片、文字或声音文件，需要将其添加到场景中已有的一个物体上。注意要将不同的资源放置在一起。

“预设”(Prefab)是可以在场景中重复使用的一组物体和组件的集合。几个相同的物体可通过同一个“预设”来创建，这些物体称为实例。例如，在创建一棵树的“预设”时，将允许在场景中不同的地方放置多个相同的实例。因为这些树都与“预设”相关，所以任何对“预设”的改变都将自动应用到所有树的实例上。因此，如果要改变树的模型、网格、材质或其他东西，只需要在“预设”中改变一次，那么所有继承“预设”的实例树都将改变。也可以通过改变一个实例并使用覆盖功能将这种改变应用到所有相同的实例上。

当有一个包含多个组件或子物体层次的物体时，可以制作一个顶层(或根)物体的“预设”，并可重复使用整个物体集实例。可以将“预设”看作物体结构的蓝图，对于该蓝图来说所有的拷贝都是相同的。因此，如果蓝图被更新，那么它的所有实例也会相应更新。

三、场景(Scenes)

场景包含所有的游戏对象。它们可以用来创建主菜单、不同的关卡和其他东西。将不同的场景文件作为不同的关卡。在每个场景中，放置环境、障碍物和装饰，实际上就是一点一点地搭建程序。

一旦物体出现在场景中，就可以使用“视图工具”(View Tools)来定位它。此外还可以使用位于检视窗口中的“变换”(Transform)来调整物体的位置，进行旋转。

“摄像机”就是场景的眼睛。每一个用户都是通过一个或多个“摄像机”在场景中观察物体的。可以像移动和旋转普通物体那样移动和旋转摄像机。相机就是一个拥有摄像机组件的物体。因此它可以做任何普通物体能做的事情，并且拥有一些摄像机特有的功能。

场景中另外一个重要的元素就是光照，除了一些特殊的情况以外，在大多数的场景中需要添加“光照”(Lights)。一般有三种不同类型的光照，它们的功能有一些不同。光照负责添加氛围到游戏中，不同的光照可以完全改变游戏的氛围，有效地使用光照是一个非常重要的主题。具体操作方法可以参考光照组件部分。

四、发布生成(Publishing Builds)

在创建项目的时候，创作者可能会想知道当项目发布后并在编辑器之外及运行的时候会是什么样子。下文笔者将解释如何访问“发布”(Build Settings)设置及创建不同的游戏项目。

通过“文件—生成设置—菜单”可以访问“发布”设置。“发布”对话框如图 4.36 所示，当发布程序时，它将弹出一个可编辑的列表。

当第一次打开该窗口时，场景列表显示空白，如果在列表为空时发布游戏，只有当前打开的场景会被发布。如果想快速发布一个测试场景文件，可以使用一个空的场景列表来发布。

同时发布多个场景也是非常容易的。有两种方法可以添加场景。第一种方式是单击“添加已打开场景”(Add Open Scene)按钮，将看到当前的场景出现在列表中。第二种方法就是从“项目视图”(Project View)中将场景文件拖动到列表中。

注意：每一个场景都有一个不同的索引号。Scene 0 是第一个加载的场景。可在编程脚

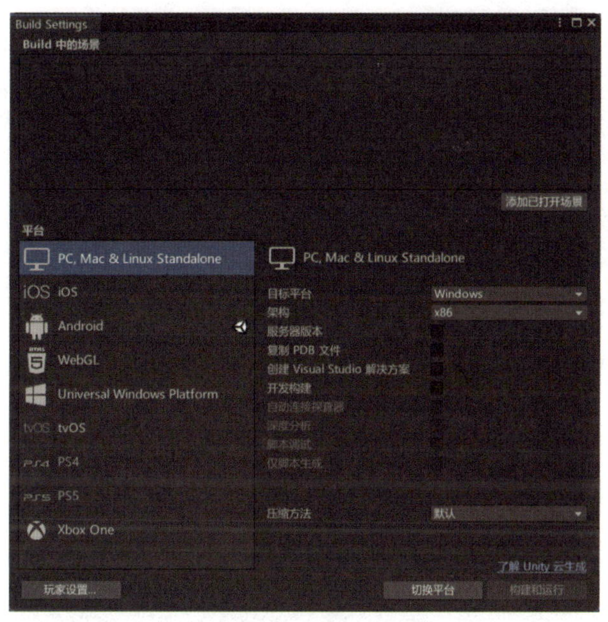

图 4.36　发布设置对话框

本中使用 Application. LoadLevel()函数来调用场景。

如果已经添加了多个场景文件，但需要进行重组，只需要在列表中单击并拖动它们即可进行排序。如果想从列表中移出一个场景，可选择该场景并按 Delete 键，这个场景将从列表中消失，并将不会包含在发布中。

设置好相关内容后，选择“发布目标”(Build target)并按下“生成”(Build)按钮。可以从出现的标准保存对话框中选择一个名称和位置。单击“保存”时，Unity 将快速地发布项目。

五、构建场景

（一）游戏对象属性

场景中的每个对象都是一个游戏对象。然而，游戏对象自己却不做任何事。需要添加专有属性，才可以成为一个角色、一个环境或一个特殊效果。游戏对象是一种容器，它们就像是空的盒子，可以容纳多个组件。

场景中的物体称为游戏对象。首先要新建一个空白游戏对象。从主菜单中选择“游戏对象—创建空对象”(快捷键为 Ctrl+Shift+N)，如图 4.37 所示。这样就得到一个空白的游戏对象。可以增加空白游戏对象的属性来对它进行丰富。

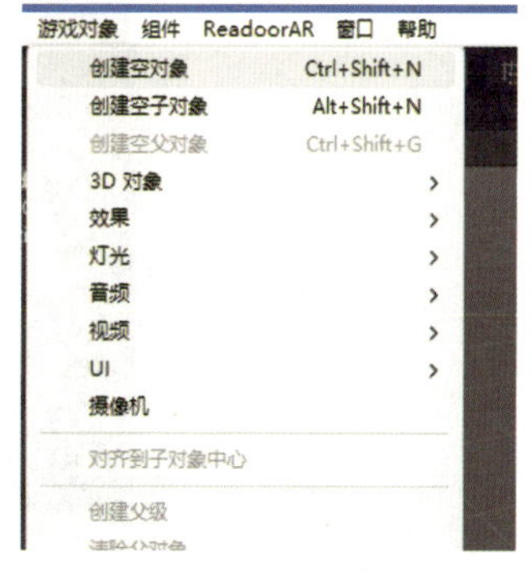

图 4.37　游戏对象

在界面右边的“检查器”里面可以看到游戏对象的当前属性。一个空的游戏对象仍然包含一个名字、一个标签、一个层。每个游戏对象都包含一个“变换”(Transform)组件，如图 4.38 所示。

图 4.38　变换组件

游戏对象属性如下：

“GameObject”：指游戏对象的默认名字，单击可进行更改。

“Static”：常用于遮挡剔除，确定一个对象能否被看作是一个静态的遮挡。勾选后，该对象将被视为静态。右侧倒三角可选择静态对象，如图 4.39 所示。

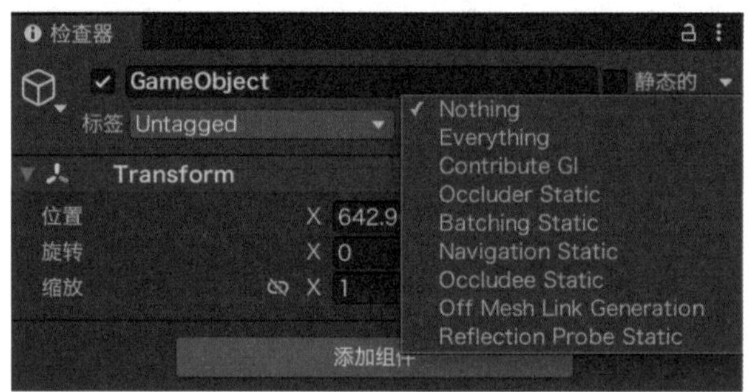

图 4.39　静态

“Tag”：指游戏对象的标签。一个标签可以用于识别一个游戏对象。标签必须在使用之前标记在标签管理器中，如图 4.40 所示。

图 4.40　标签说明

“Layer”：指游戏对象所在的层，一个层的范围在[0……32]之间。层可以用于摄像机的选择性渲染或者忽略光线投射，如图 4.41 所示。

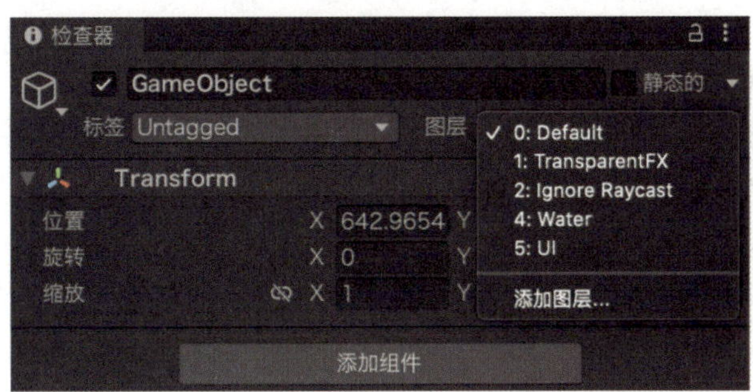

图 4.41　层

图 4.42 所示是控制游戏对象变换属性的“Transform”组件及相关参数。在 Unity 中创建一个没有变换组件的游戏对象是不可能的。变换组件是最重要的组件之一，将在下一章中详细介绍。

图 4.42　变换组件参数

（二）游戏对象中的组件

组件是游戏对象的功能零件。想象一个游戏对象是一口锅，组件是不同的佐料，它们构成了游戏程序的食谱。因此，要真正理解游戏对象，必须了解这些组件。

在默认情况下，所有游戏对象都自动拥有一个变换组件，如图 4.43 所示。这是因为变换组件决定了游戏对象的位置，以及它如何旋转和缩放。如果没有变换组件，游戏对象就不会存在于游戏世界中。

图 4.43　变换组件

在实际操作中，可以经常使用“检查器视图”，看看哪些组件连接到了选定的游戏对象。

添加和删除组件时，“检查器视图”将始终显示哪些是目前已连接的，可使用“检查器视图”改变任何组件(包括脚本)的所有属性。

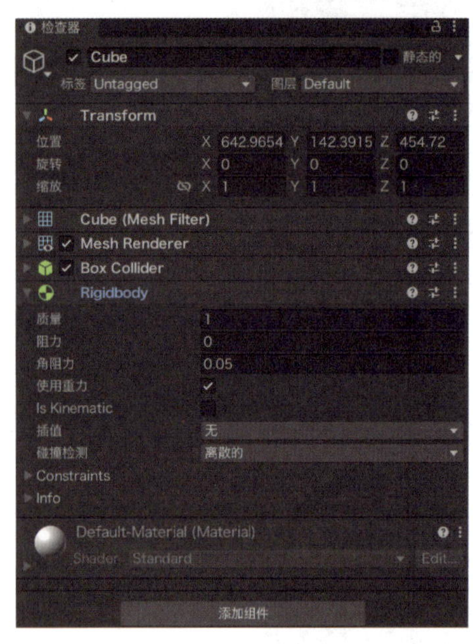

图 4.44　检查器视图

下面就以“为物体添加‘刚体’组件”为例进行详细阐述。单击选中物体，然后在主菜单中选择“组件—物理—刚体”，会看到“刚体”属性出现在“检查器视图”中，如图 4.44 所示。

可以看到在“使用重力”选项的后方默认打“√”。因此，当按下“Play”键时，能从检视窗口中看出位置中的 Y 值一直在减小。这是因为启用了 Unity 的物理引擎，为物体添加了重力效果。

同样，可以在 Component 菜单中将任意数量或组合的组件添加到一个单一的游戏对象上。有些组件最好与其他组件结合起来发挥作用。例如，“刚体”可以和任何碰撞组件协同工作。

组件的灵活性尤为重要。当为游戏对象附加一个组件时，该组件就有了不同的值或属性，它们可以在建立游戏时在编辑器里进行调整，或者在运行游戏时通过脚本来调整。主要有两种类型的属性：引用属性和赋值属性。

当为空对象加入“音频源”组件时，“检查器视图”中音频源的所有值是默认值，如图 4.45 所示。

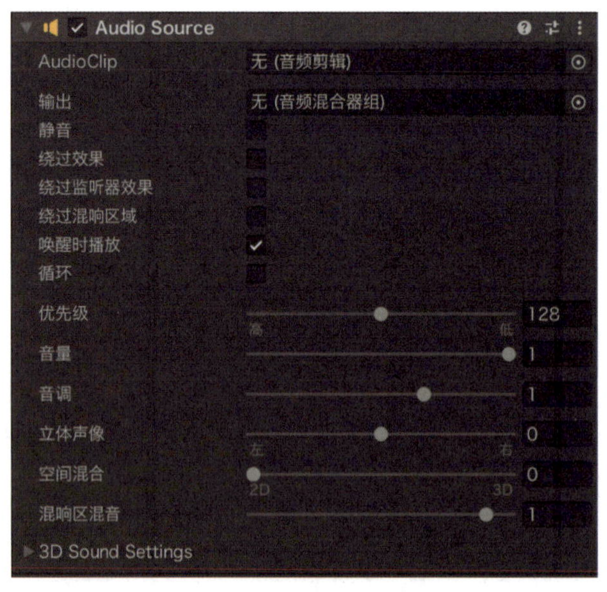

图 4.45　音频源组件

该组件包含一个单独的引用属性、七个赋值属性。

引用属性:“Audio Clip”字段是引用属性。当这个音频源开始播放时,它会试图播放由“Audio Clip”属性引用的音频文件,如果没有属性(None),就会发生错误,因为没有要播放的音频。必须在“检查器视图”中引用文件。操作方式非常简单,只需从“项目视图”中拖动一个音频文件到引用属性上即可,或者使用“对象选择器”来完成,如图 4.46 所示。

图 4.46　对象选择器

赋值属性:“Audio Clip”对象内部的其余属性都是赋值属性,赋值属性不能引用任何东西,它们可以直接编辑。典型的赋值属性是数字、切换开关、字符串和选择弹出窗口,它们也可以是颜色、向量、曲线和其他类型。“Audio Clip”的赋值属性都是切换开关、数值、下拉字段。

如果不需要这个组件了,可以在“检查器视图”中选择或用鼠标右键单击其标题(头部),选择移除组件来对它进行删除。

(三) 场景视图导航

在前文的视图介绍中已经对“场景视图”的操作有过简单的介绍,这里将对之前的内容进行补充。

在场景视图中,导航控制集可以帮助设计师快速、高效地来回移动场景。其主要内容有以下几点。

1) 方向键移动

可以使用方向键来移动场景,就像走路一样。用户按下上下箭头键,摄像机可以沿当前视角方向向前、向后移动。左右箭头可以横向平移视图。按住 Shift 键可使方向键移动得更快。

2) Focusing 聚焦

选择任何一个游戏对象,然后按下 F 键,“场景视图”将以所选对象为中心点变为最适合屏幕的显示,这就是通常所说的框选。

3) 旋转、移动和缩放

旋转、移动和缩放在“场景视图”中是关键操作。因此,Unity 提供了几种可供选择的方式,以便最大程度地方便操作。无论选择哪个变换工具,所有控件均可使用。按住 Shift 键可以增加移动和缩放的速率。

4) 鼠标

旋转:按住 Alt 键并拖动鼠标围绕当前轴点旋转镜头。

移动:按住 Alt 键和鼠标中键并拖动进行镜头平移(实际使用 Unity3D 的时候,无需按下 Alt 键也可以平移镜头)。

缩放:按住 Alt 键并拖动鼠标右键来缩放镜头。

对于两键鼠标或触控板,可以按住 Alt 键+Ctrl 键(Mac 系统是 Alt 键+Command 键)并单击鼠标左键激活移动操作。对于 Mac 系统,按住 Ctrl 键和 Alt 键并单击鼠标左键将激活缩放操作。此外，鼠标滚轮可以用来缩放视图。

选择手形工具（快捷键为 Q 键）后可以通过单击的方式拖动镜头。

5）漫游模式

该模式可以像许多第一人称视角游戏一样浏览场景。按住鼠标右键，可以使用鼠标和 W、A、S、D 键控制前后左右，Q 和 E 键控制上下来移动视图，按下 Shift 键可以移动得更快。

6）场景手柄工具

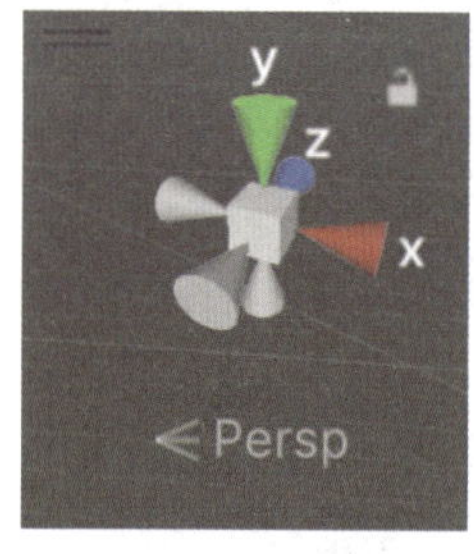

图 4.47　快速修改视角

位于“场景视图”右上角的是场景手柄工具，显示了“场景视图”当前的视角方向，可以用它快速修改视角，如图 4.47 所示。

可以单击它的方向杆，更改场景成为该方向的正交模式。在正交模式中，可以按住鼠标右键拖动来旋转，也可以按住 Alt＋鼠标左键拖动来平移。如需退出此模式，按一下手柄中间的小方块即可。也可以随时按住 Shift 键并单击手柄工具中间小方块来切换正交模式。

7）触控板手势

在 Mac 系统的触控板中，可以采用两指拖拽的方式缩放视图，也可以使用三指操作的方式模拟场景 Gizmo 效果：拖上、左、右或下分别激活顶、右、前或透视图。

（四）放置游戏对象

建立项目后，需放置许多不同的对象到 3D 世界中。下文介绍了将游戏对象放置在场景中所要用到的工具。

1）“聚焦”（Focusing）

在“场景视图”中聚焦目标对象后再进行操控，可显著提升操作效率。选择任意游戏对象，然后按下 F 键，“场景视图”将以所选对象为中心点，自动调整至适当的视角，这也被称为框选。

2）“移动、旋转、缩放”（Translate, Rotate and Scale）

使用工具栏的变换工具可以移动、旋转和缩放游戏对象。每个对象都有一个对应的“Gizmo”，它位于“场景视图”中选定的游戏对象上。可以使用鼠标操作“Gizmo”的轴来改变游戏对象的“Transform”组件，也可以在“检查器视图”中直接为“Transform”组件的数字字段输入一个值。三种变换模式可以通过快捷键来选择，即 W 移动、E 旋转、R 缩放，如图 4.48 所示。

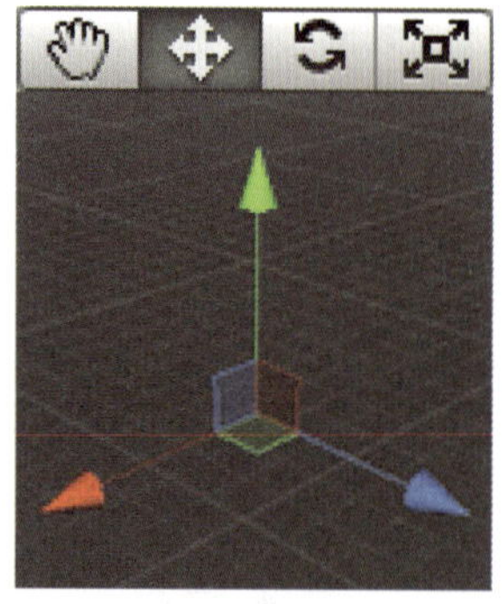

Translate (W)

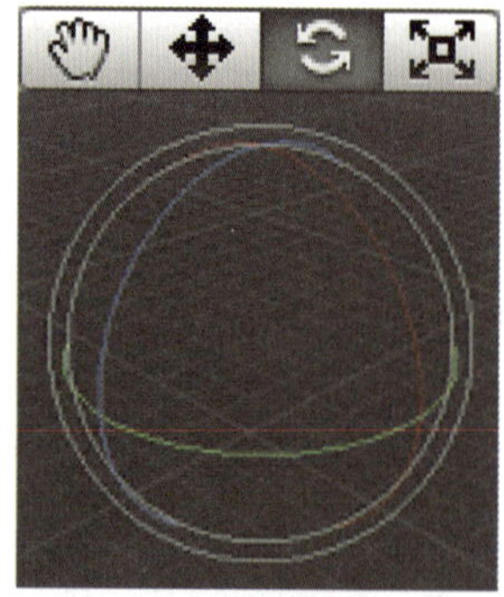

Rotate (E)

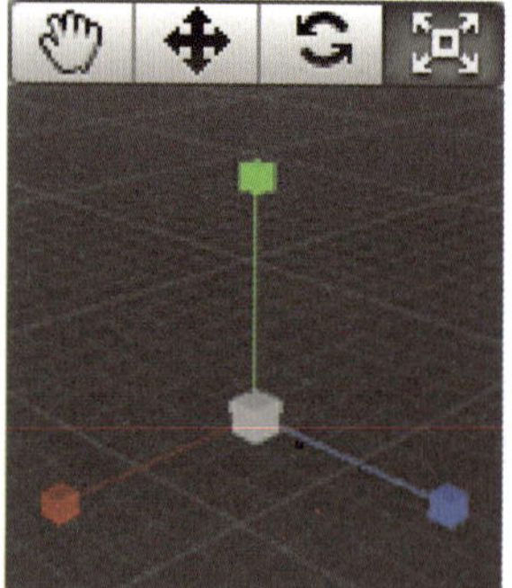

Scale (R)

图 4.48　移动、旋转、缩放示意

需注意的是，要小心使用“缩放工具”，如果是非均匀的缩放比例，则会导致子对象的比例失衡。如果想要等比例缩放，可以按住三个轴中间的小方块进行缩放。

3）“轴向显示切换器”

“轴向显示切换器”用来限定“Transform”的轴向位置，如图 4.49 所示。“轴心”将在一个网格的实际轴点位置放置轴心。“局部”将相对于对象保持轴向的旋转。

图 4.49　轴向显示切换器

4）“捕捉单位”(Unit Snapping)

当使用移动工具拖动轴向的方向轴时，可以按住 Ctrl 键（Mac 系统中为 Command 键），以捕捉在设置中定义的单位增量。也可以更改该单位，在使用菜单下通过“编辑—锁定视图到选定项”的方式进行操作，如图 4.50 所示。

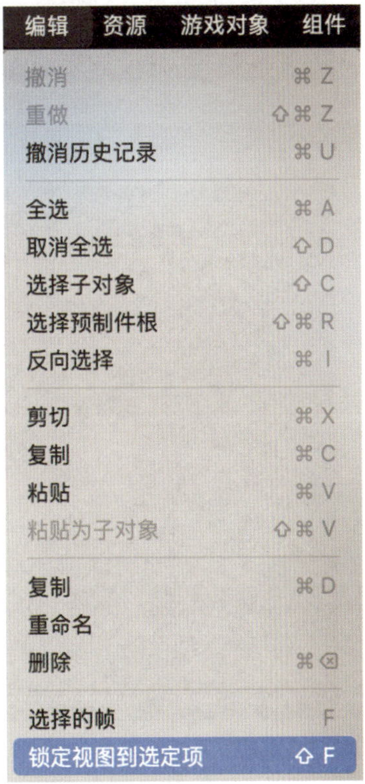

5）“表面吸附”

当使用移动工具在中心拖拽时，可以按住 Shift 键和 Ctrl 键来让对象与任何碰撞体的交叉点对齐。这使得对象可以被非常迅速、精确地定位。

6）“旋转朝向”

使用旋转工具时，可以按住 Shift 键和 Ctrl 键旋转，使对象朝向任何碰撞体表面的一个点。这使得一个对象相对于另一对象的方向设定变得简单。

7）“顶点捕捉”

可以使用一个名为“顶点捕捉”的特色功能来组装游戏世界。此功能是 Unity 中一个非常简单而强大的工具。在“顶点捕捉”模式下，利用鼠标可以将某一给定物体的网格顶点快速放置到其他物体网格顶点的相同位置。利用它可以快速地组装游戏世界。

在 Unity 中使用“顶点捕捉”很简单，只需按照下面的步骤操作即可。

图 4.50　锁定视图到选定项

(1) 选择想要操作的网格，并确保变换工具处于活动状态。

(2) 按住 V 键激活“顶点捕捉”模式。

(3) 移动光标到想用作轴心的网格顶点上，如图 4.51 所示。

只要光标移到了需要的顶点上，按住鼠标左键，拖动网格紧贴于另一网格的任意顶点。当对结果满意时，松开鼠标按键和 V 键，如图 4.52 所示。

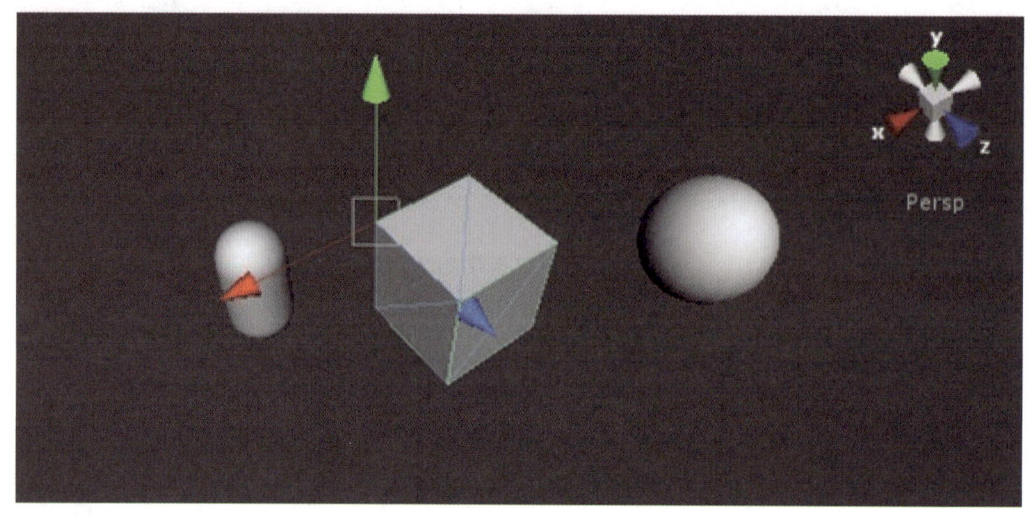

图 4.51　网格顶点 1

图 4.52　网格顶点 2

使用 Shift 键+V 键作为这个功能的切换快捷键，可以选择顶点到顶点、顶点到表面和轴心到顶点三种捕捉模式，如图 4.53 所示，正方体的左上方顶点吸附在椭圆体表面上。

（五）“预设”

当在场景中需要重复利用一个素材时，可以将它制作成“预设”。“预设”是存储在“项目视图”中的一种可重复使用的游戏对象，相当于一个可重复使用的模板。它可以重复利用到多个场景中，从而缩小文件的储存空间。

当添加一个游戏元件到场景中时，就相当于把这个“预设”实例化了。并且假如对这个“预设”进行修改，这些修改将会应用到所有的实例中。

下面对“预设”的创建步骤进行阐述。首先，先创建一个新的空白“预设”。从菜单中选择资源—创建—预制件，如图 4.54 所示，并命名为 test。

图 4.53　捕捉顶点

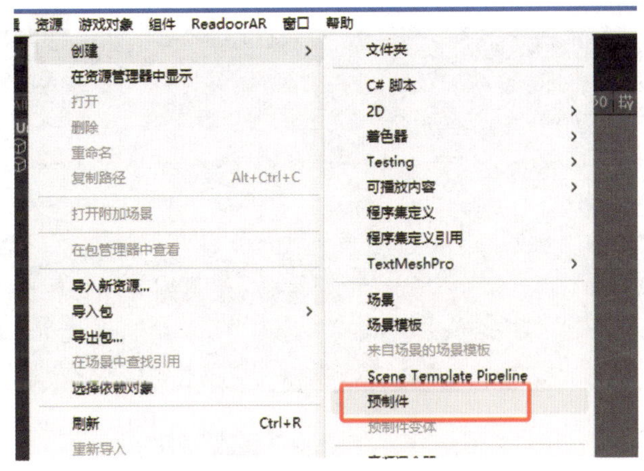

图 4.54　创建“预设”

现在能在右侧的项目栏中看到新建的“预设”，此时它是空白的，并不能实例化。将需要成为元件的游戏对象拖动到 test 上后，该游戏对象及其所有的子对象均复制到了 test 中，如图 4.55 所示，并且视图中的原始游戏对象也已经成为 test 的一个实例。

当需要找到实例的原始“预设”时，可以单击实例并在“检查器视图”中单击“选择”按钮，选中“预设”。

当需要更改其中一个实例并希望能应用到所有的实例中时，可以在“检查器视图”中单击“覆盖”按钮将更改应用到“预设”中，如图 4.56 所示。注意：覆盖将复制所有差别到预置源中（包括所有其他预置实例）。

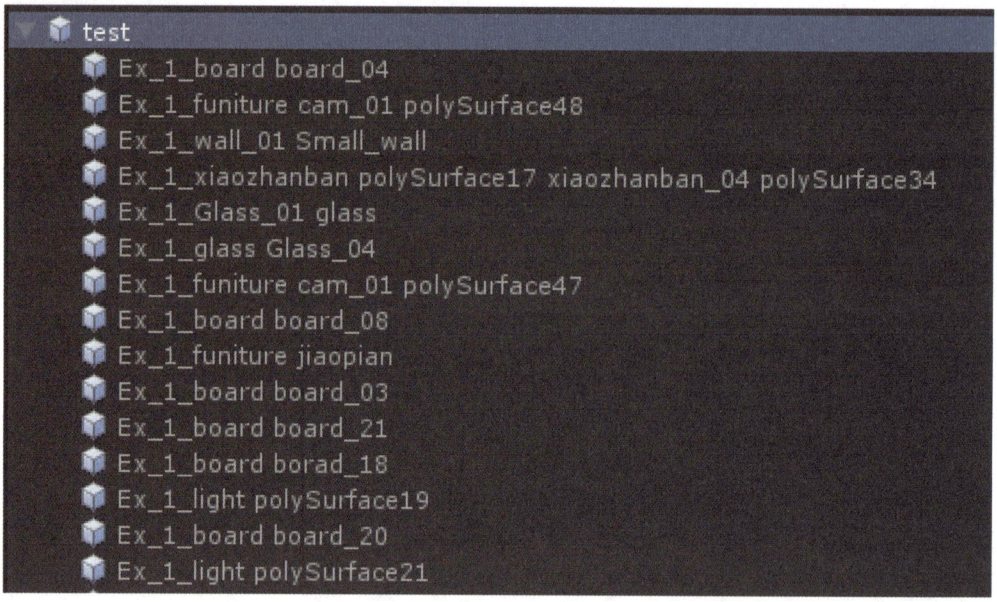

图 4.55 “预设”test

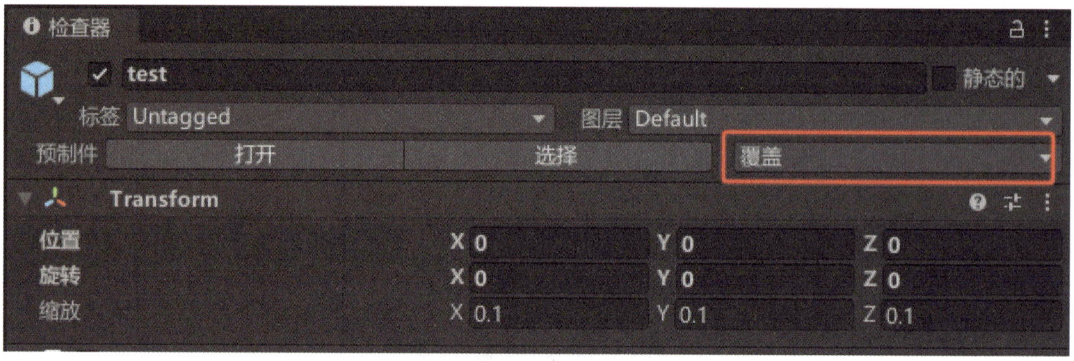

图 4.56 “选择”与“覆盖”按钮

当只需要更改其中一个实例的属性，并不准备影响其他的实例时，可以直接更改实例的变量，并不会影响到“预设”的属性。这可以让实例变得独一无二而不破坏它们与元件之间的连接。

注意：添加或删除一个组件和子对象，将破坏单个实例及其与预置源之间的连接。

（六）引擎中的灯光

灯光在一个场景中的作用可以说是至关重要的。游戏中的环境照亮、气氛烘托、效果制造都需要灯光的参与。在 Unity 引擎中，常用三种灯光：“点光源”（Point Light）、“聚光灯”（Spotlight）、“平行光源”（Directional Light）。这三种灯光的特点如下。

“点光源”是从光源位置向周围产生照明效果的灯光，是最常用的灯光，通常用于爆炸火光、灯泡点亮等的照明效果制作，如图 4.57 所示。

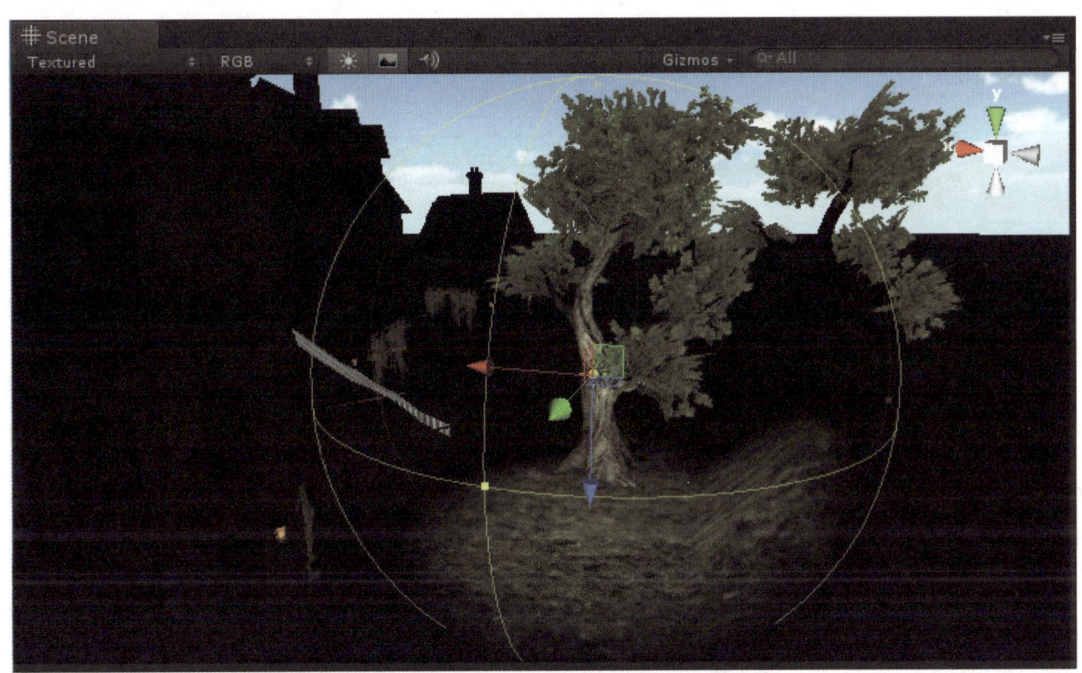

图 4.57 “点光源”的灯光效果

“聚光灯”的照明范围呈圆锥形，效果类似手电筒，可用于探照灯、手电筒、汽车车灯的照明效果制作，如图 4.58 所示。

图 4.58 “聚光灯”的照明效果

“平行光源”有平行的照明范围，因此在场景中的位置并不影响照明效果。可以使用“旋转”工具来调整光源的照射角度。效果类似太阳光、月光等，如图 4.59 所示。

图 4.59 “平行光源”的照明效果

图 4.60 “聚光灯”参数

要创建一个光源可以按照在菜单栏中选择：游戏对象—灯光—聚光灯（以聚光灯为例）的步骤操作，这样就得到一个“聚光灯”。使用“移动和旋转”工具可以改变光源位置和照射角度。光源的其他属性还有光照范围、角度、颜色、强度、光斑等。可以通过调整这些属性来创造想要的效果。“聚光灯”参数如图 4.60 所示。需注意：只有“聚光灯”和“点光源”可以设定照射范围，只有“平行光源”支持实时阴影渲染。

如果想要创建一些带着纹理的光源，可以在“剪影”中导入带有 alpha 通道的图，如图 4.61 所示，选择“Default-Particle”作为该光源的纹理，即放射状纹理。其效果如图 4.62 所示。

（七）摄像机设置

在程序中，摄像机作为玩家观察游戏世界的眼睛，对于场景画面的效果可以说是至关重要的。如同电影中运用镜头来讲故事，Unity 中的摄像机也为玩家展示了虚拟世界的信息。一般在一个场景中，始终会有至少一台摄像机。多台摄像机可以制造双人分屏效果或者创建高级的自定义效果。这些摄像机可以按照所需要的轨迹动起来，也可以被设定为按照任

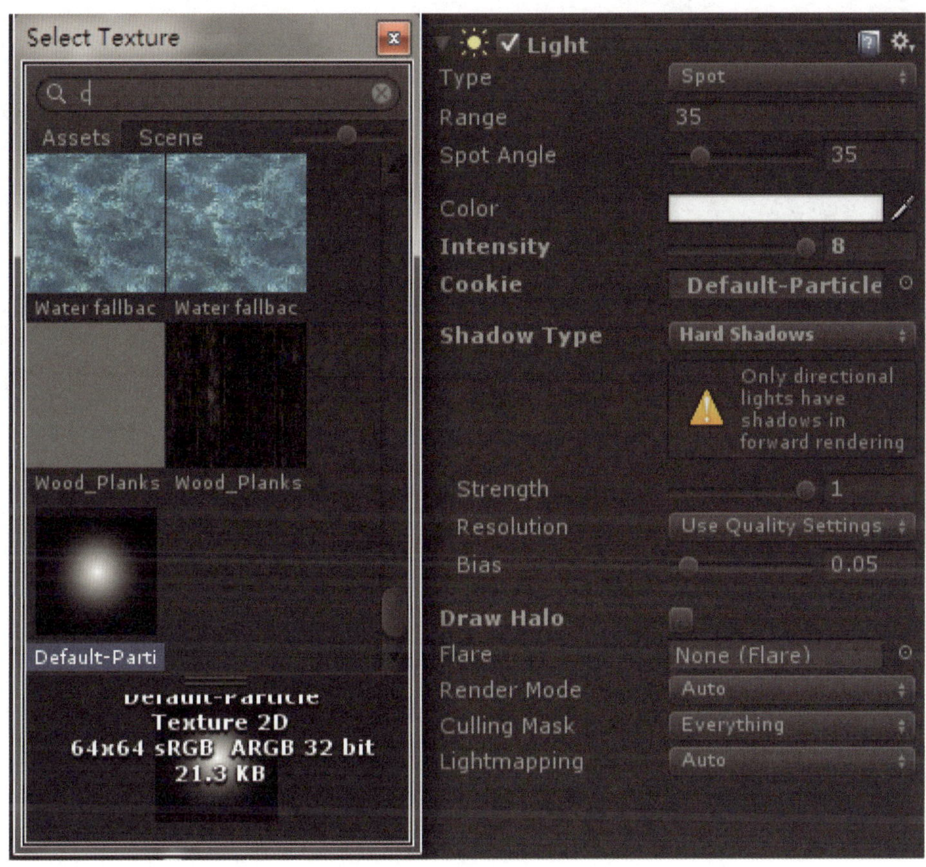

图 4.61 纹理选择

图 4.62 “聚光灯”添加纹理后的效果

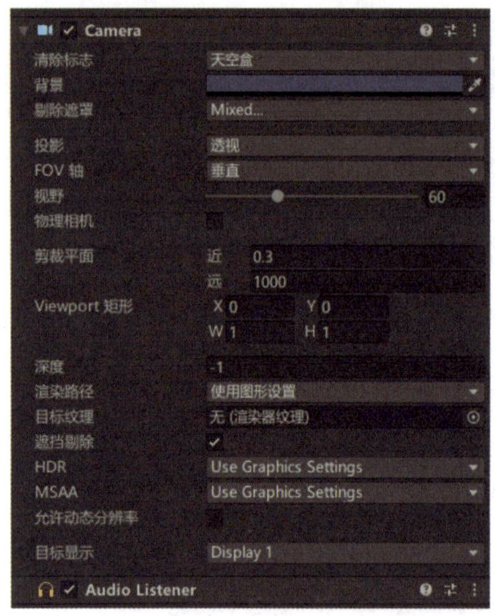

图 4.63　摄像机属性设置

何顺序渲染，且可以渲染任何地方。

在场景中添加一台“摄像机”的操作方式也很简单，单击选择菜单中的“游戏对象—摄像机”，这样就在场景中添加了一台摄像机。

Unity 中“摄像机”的多个属性可以根据需要进行调整，具体如图 4.63 所示。

（八）移动平台开发环境搭建

在使用 Unity 制作 AR 增强现实移动平台项目之前，需要简单了解 iOS 系统及安卓系统的发布方式。

如使用 Unity 进行 iOS 系统 APP 开发，开发完成发布时 Unity 会将工程打包为苹果的 Xcode 工程项目，Xcode 是 iOS 系统原生开发工具，必须使用 Mac 系统电脑开发并发布，同时需真机调试，还需要每年缴纳 99 美元的开发者费用，对于刚入门的用户来说门槛稍有些高。

使用 Unity 进行安卓系统的开发相对简单，项目开发完成后可直接将项目发布成“安卓应用安装包”(APK)，在移动设备上安装就能够使用，还可以在移动设备上开启开发者模式中的 USB 调试，直接选择编译并运行，就可以发布并自动在设备上安装运行，提高开发效率。本书中 Unity 的 AR 开发主要以安卓平台为主。

在开始安卓平台的项目开发之前，首先应该搭建安卓开发平台。

注意：Unity 的安卓平台发布需要借助于谷歌所提供的安卓开发包，并且还需要借助 Android SDK 的开发环境，所以需要搭建安卓开发平台。在 Unity2020 之后的版本中可直接在“Unity Hub”中进行安装，如图 4.64 所示。这样，安卓环境的开发平台配置就完成了。

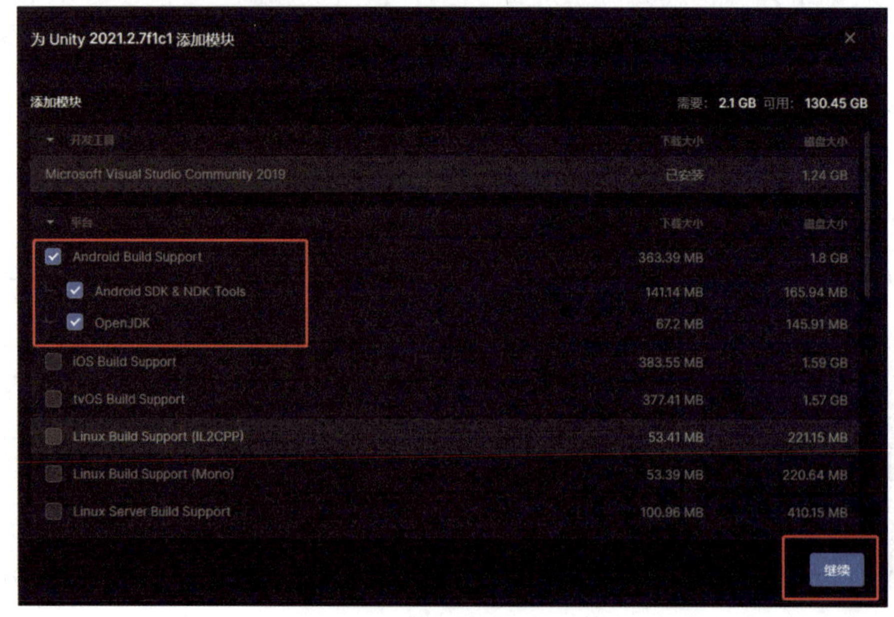

图 4.64　安卓开发组件安装

第五章　AR 应用项目实例制作

第一节　Vuforia 平台的注册及使用

一、注册成为 Vuforia 开发者

Vuforia 引擎可以辅助开发者更好地通过 Unity 进行 AR 创作，它便捷实用，受到众多 AR 开发者的喜爱。

用户通过访问 Vuforia 官网，单击右上角的“Register”按钮注册账号(注意不要使用网页浏览器的翻译功能来将该网站的页面文字进行翻译，这有可能会造成页面未响应的情况发生)，如图 5.1、图 5.2 所示。

图 5.1　进入 Vuforia 开发者主页

图 5.2　注册账号流程

输入相关信息后单击“Create account”进行注册，用户注册后，将收到确认邮件，接收并激活邮件即可完成注册，如图 5.3 所示。

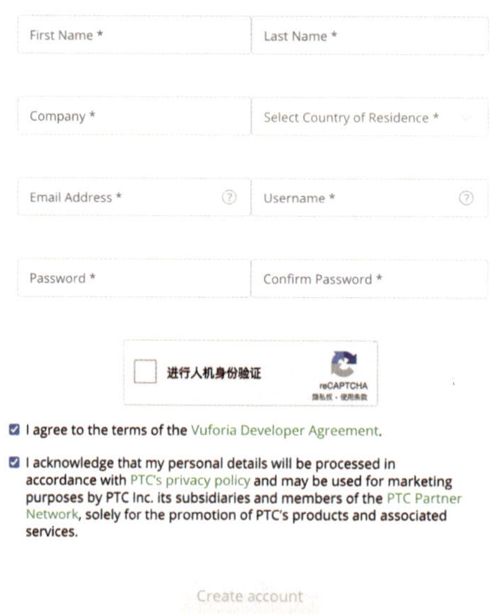

图 5.3　注册信息填写

邮件确认后会要求用户登录开发者账户，填入用户名和密码即可登录，如图 5.4 所示。

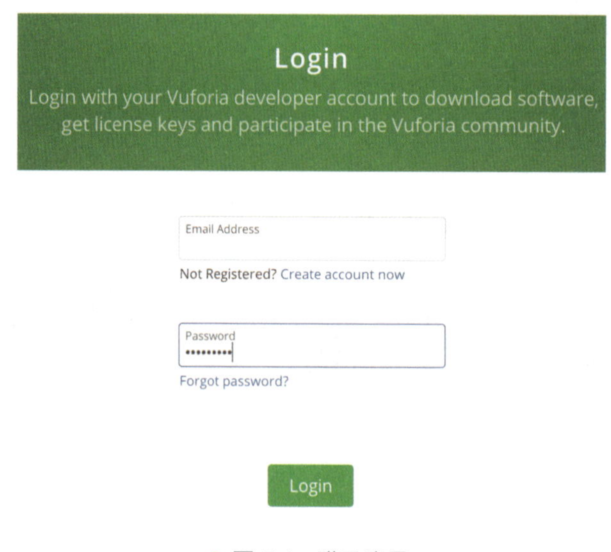

图 5.4　登录账号

二、添加识别编码

登录之后找到“Develop”栏目里的“License Manager”，单击“Get Development Key”来

创建一个 Key,如图 5.5 所示。

注意:Vuforia 要求每个独立的项目都使用一个 License Key 作为认证的编码。

图 5.5 创建 Key

输入名称“ARClass1”,勾选“By checking this...”,单击“Confirm”确认,如图 5.6 所示。

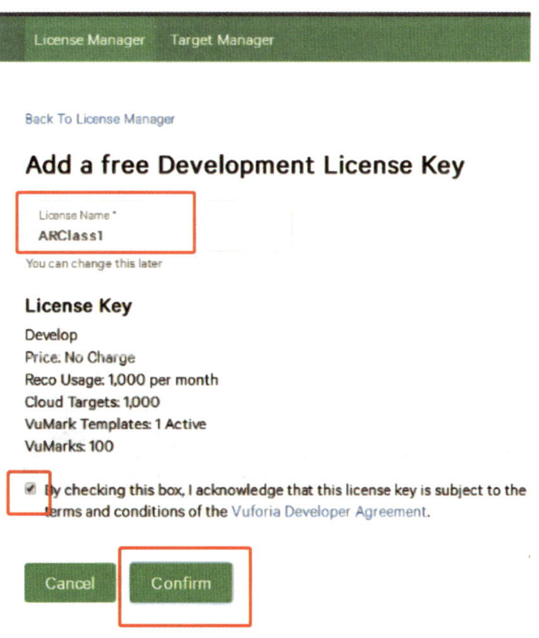

图 5.6 单击确认创建 Key

创建完成后,单击“ARClass1”,可以看到一串代码,这就是该 AR 项目的“Key”,之后需要在 Unity 中使用,如图 5.7 所示。

图 5.7　创建完成的 Key

单击“Target Manager”进入数据管理页面，如图 5.8 所示。

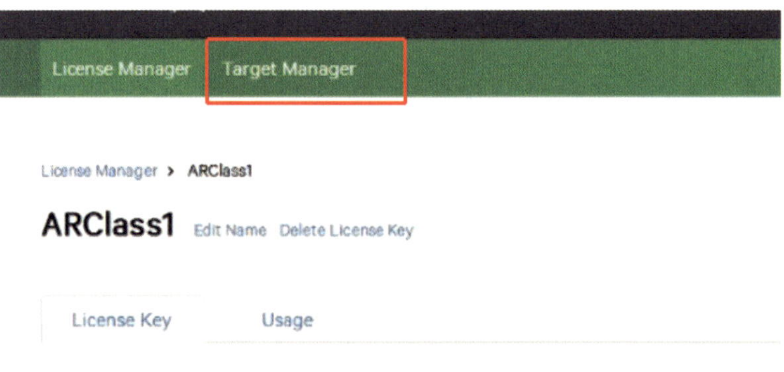

图 5.8　进入数据管理页面

单击“Add Database”添加数据库，如图 5.9 所示。数据库用来存放 AR 识别图，一个项目可以创建多个数据库。

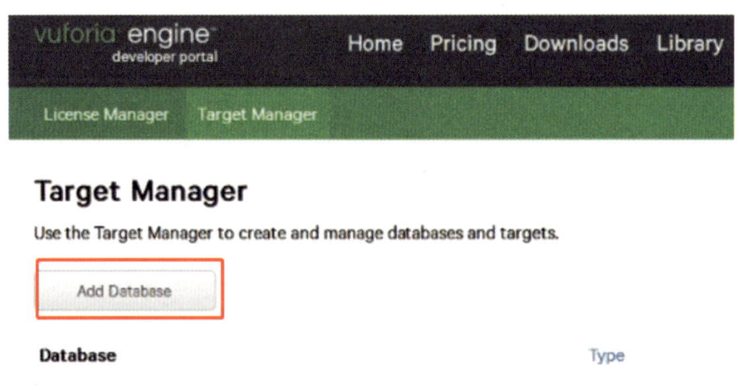

图 5.9　添加数据库

输入数据库名称“ARClassTest”，类型选择“Device”（设备），单击“Create”创建数据库，如图 5.10 所示。

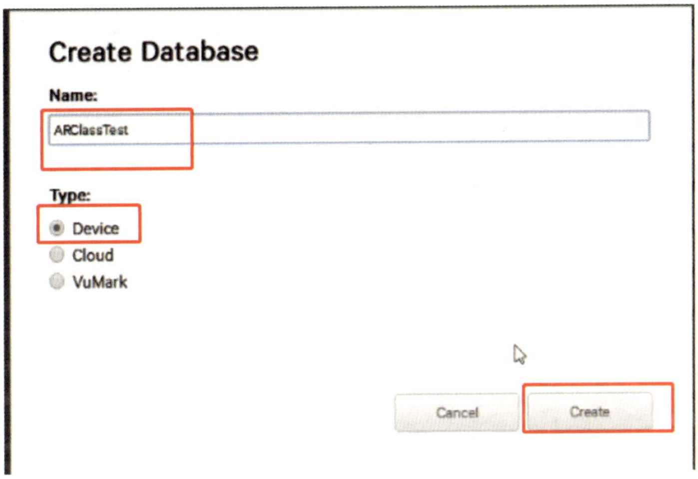

图 5.10　单击“Create”创建数据库

单击新创建的“ARClassTest”数据库，如图 5.11 所示。

图 5.11　打开创建好的数据库

进入识别对象列表，单击“Add Target”添加目标，如图 5.12 所示。

图 5.12　单击“Add Target”添加目标

打开之后有四种识别方式，选择“Single Image”（平面图像识别），这里选择的图片建议采用具有纹理或者花纹效果的较为复杂的图片，本节笔者使用了一张拼花图作为识别图，宽度设置为 10，名字为 ARPic（注意名字要用英文名），单击“Add”添加，如图 5.13 所示。

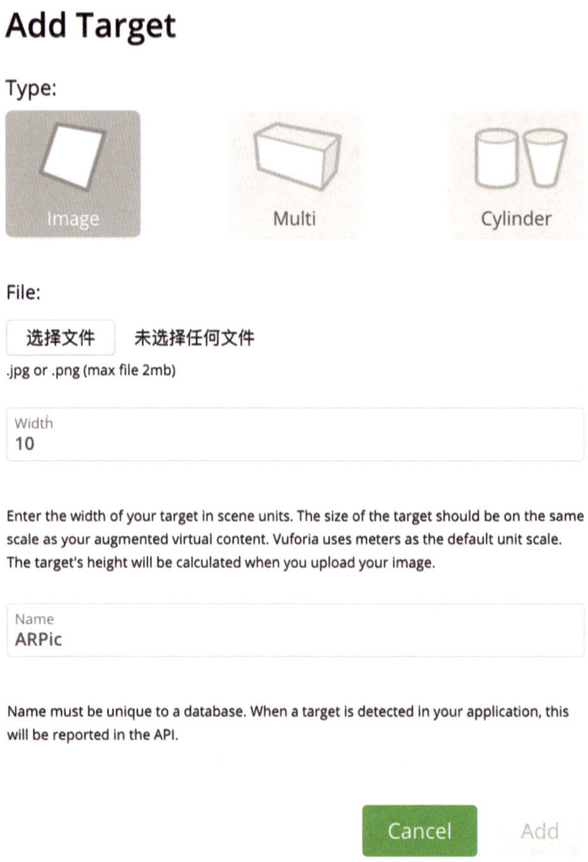

Add Target
Type:
Image
Multi
Cylinder
File:
选择文件
未选择任何文件
.jpg or .png (max file 2mb)
Width
10
Enter the width of your target in scene units. The size of the target should be on the same scale as your augmented virtual content. Vuforia uses meters as the default unit scale. The target's height will be calculated when you upload your image.
Name
ARPic
Name must be unique to a database. When a target is detected in your application, this will be reported in the API.
Cancel
Add

图 5.13　单击“Add”添加

在列表中可以看到刚才添加的识别图片，“Rating”（评分）达到了五颗星。评分代表了这张图片的识别率，评分越高说明识别率越高，如图 5.14 所示。

Target Name
Type
Rating
Status
Date Modified
ARPic
Single Image
★★★★★
Active
Mar 03, 2019 01:41

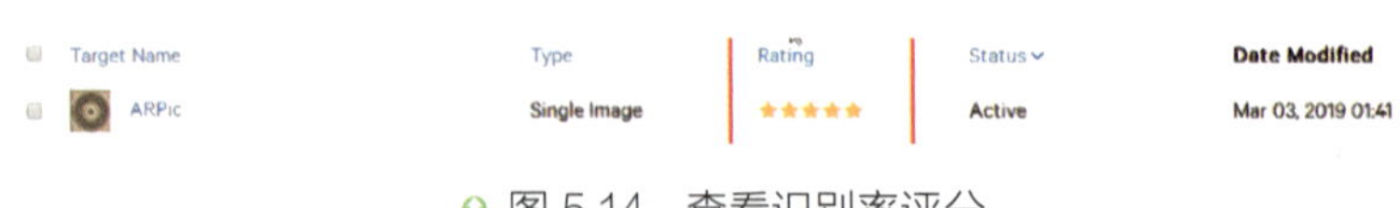

图 5.14　查看识别率评分

勾选图像数据，单击“Download Database”。选择“Unity Editor”，单击“Download”，如图 5.15 所示。完成识别数据的下载。

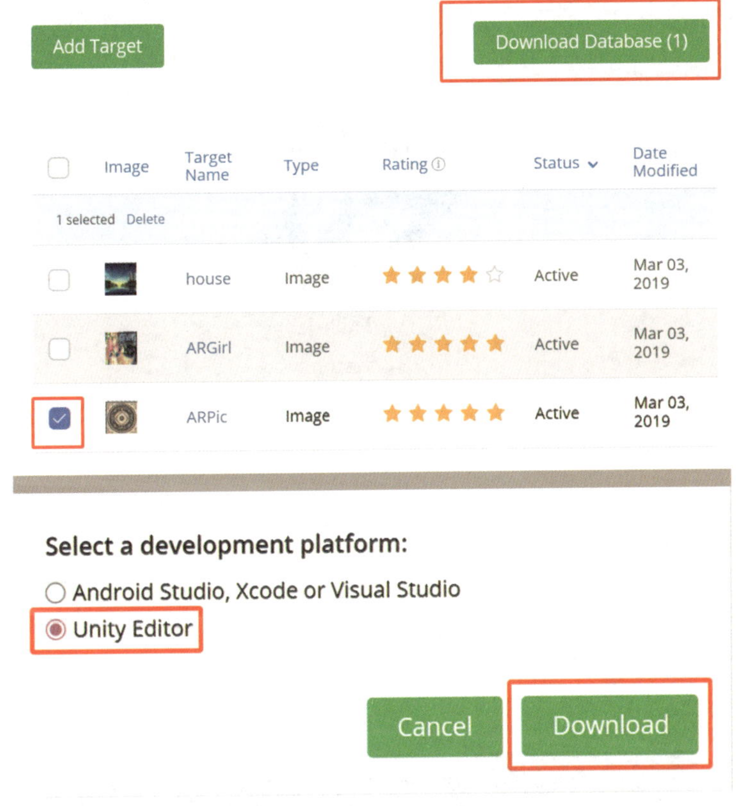

图 5.15 下载识别数据

第二节 AR 功能制作及调试

一、Unity 引擎的配置

打开 Unity 引擎，新建项目，项目名称使用“ARClass”，然后单击“创建项目”，如图 5.16 所示。

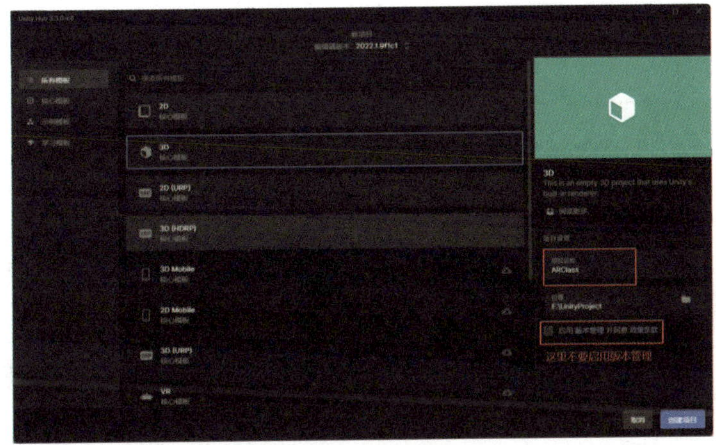

图 5.16 创建项目

将在 Vuforia 制作的识别数据包下载导入 Unity 中，如图 5.17 所示。

图 5.17　下载识别数据包

注意：若是 Unity 2018 版本，其中是集成了“Vuforia AR”模块的，Unity 2019 版本需要从“Package Manager”中导入“Vuforia 插件”，而 2020 之后的 Unity 版本可通过链接“https://developer.vuforia.com/downloads/sdk”下载 Vuforia 插件。

进入页面后选择 Unity 选项便可下载最新版本插件，下载完成后可双击导入 Unity 项目，如图 5.18 所示。

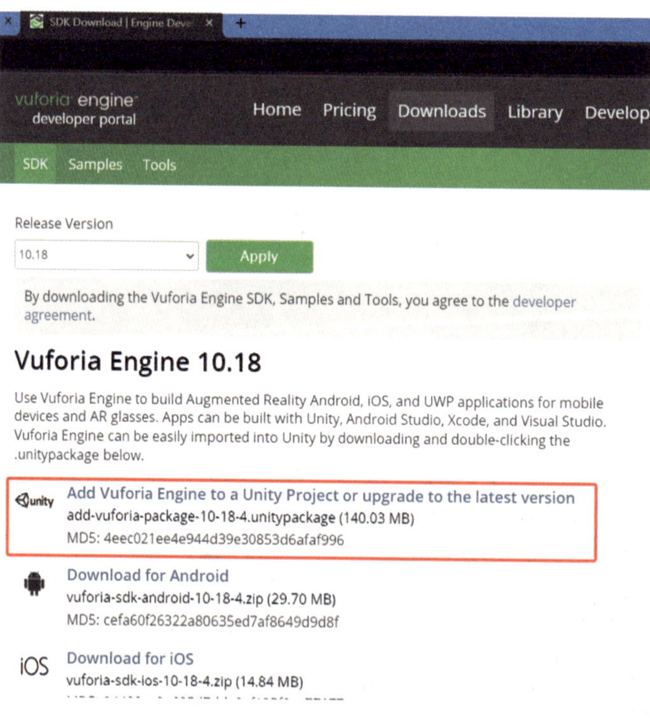

图 5.18　下载 Vuforia 的 Unity 插件

导入完成后，在菜单栏按照“游戏对象—Vuforia Engine—ARCamera”的操作步骤创建“AR 摄像机”，如图 5.19 所示。

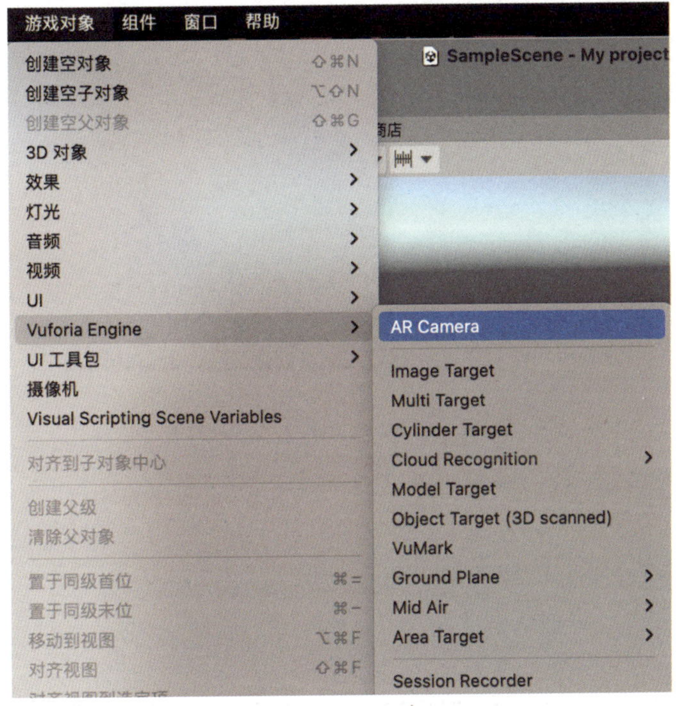

图 5.19　AR 摄像机

此时，会提示导入“Vuforia 引擎资源”，单击“Import”即可，如图 5.20 所示。

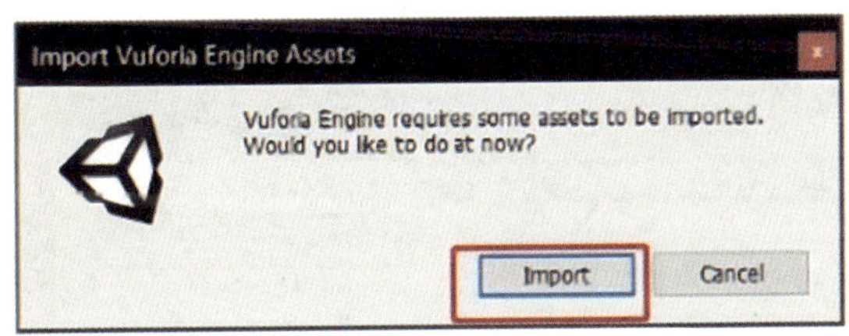

图 5.20　导入“Vuforia 引擎资源”

选择原来的“MainCamera”，在“检查器视图”激活位置，但不勾选，如图 5.21 所示。

在场景中添加“Image”(图像识别)，如图 5.22 所示。这时会发现场景中生成了一个平面，如图 5.23 所示。

在层级中选中“ImageTarget”，右键单击，在“3D 对象”下选择“立方体”，这样可以创建一个立方体作为“Image Target”的子物体，如图 5.24 所示。

选中方块，调整其大小和位置，使其能够放置在识别图之上，如图 5.25 所示。

在“文件”下选择“生成设置”，打开“生成设置”窗口，如图 5.26 所示。

单击“玩家设置”按钮，如图 5.27 所示。

在“检查器视图”XR 设置的栏目下选择“已支持 Vuforia 增强现实”选项，如图 5.28 所示。

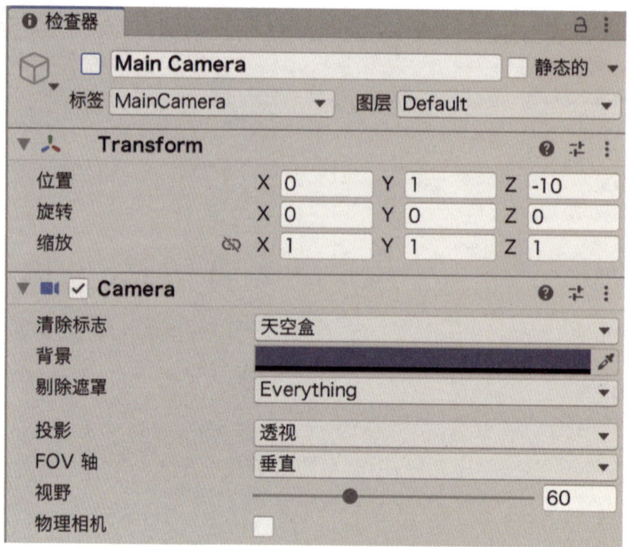

图 5.21　不激活原 Main Camera

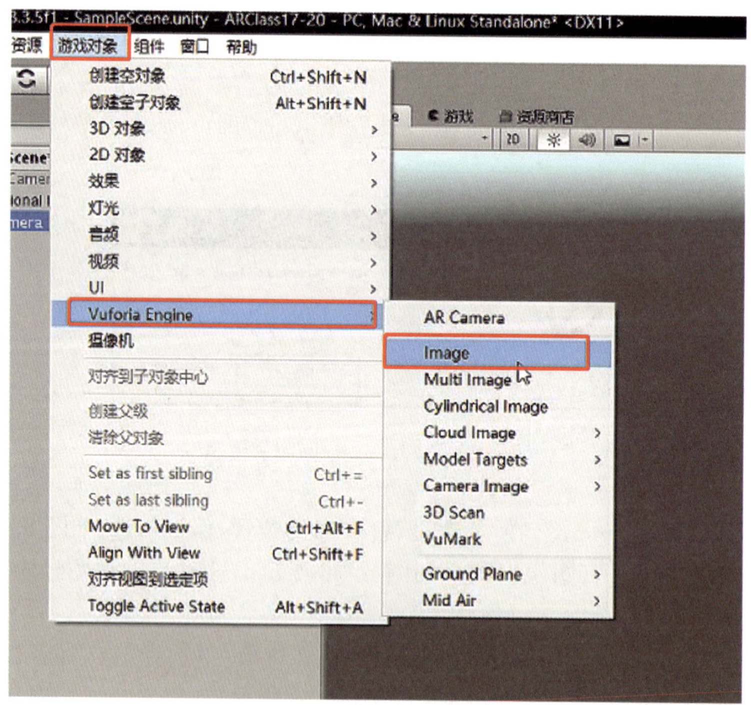

图 5.22　添加图像识别

图 5.23　平面生成

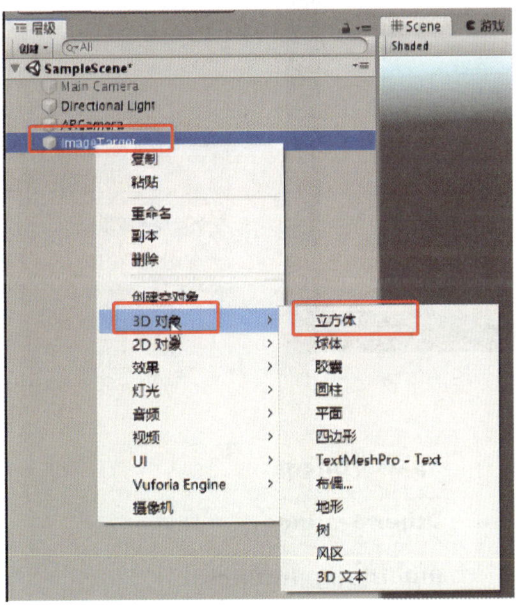

图 5.24　子物体

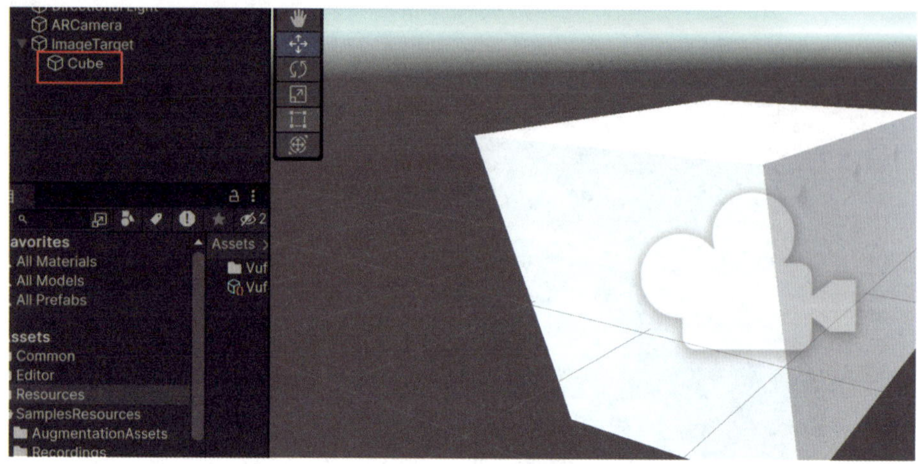

图 5.25　立方体位置

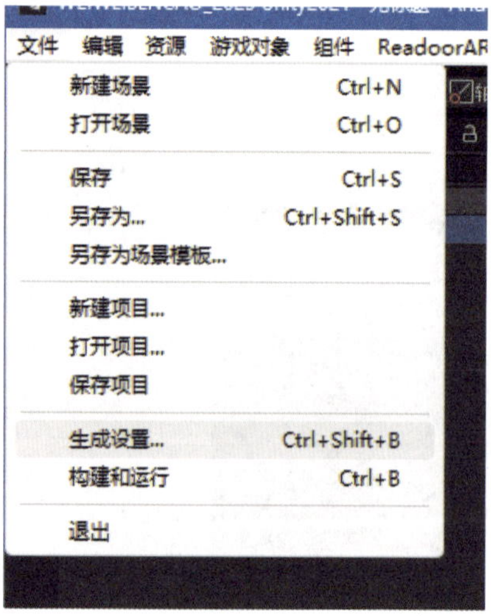

图 5.26　生成设置

图 5.27　单击玩家设置按钮

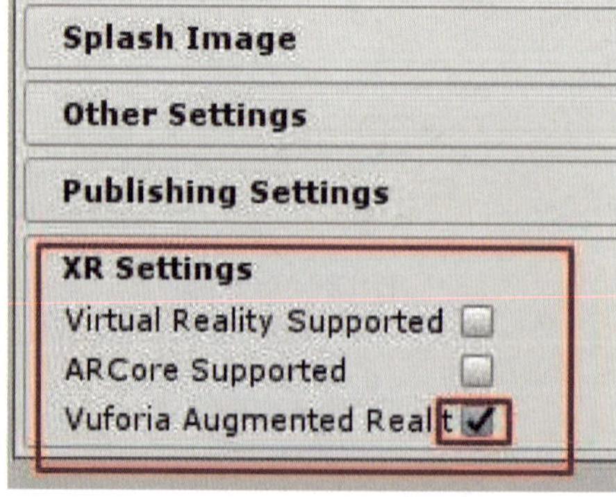

图 5.28　选项设置

在层级或场景中选择“ARCamera”，单击“检查器视图”中的“Open Vuforia Engine configuration”，如图 5.29 所示。

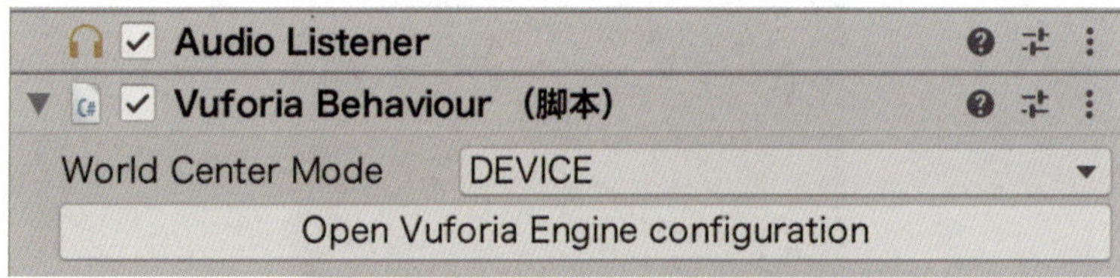

图 5.29 单击“Open Vuforia Engine configuration”选项

完成上一步操作后，可以看到“APP License Key”，需要在这里粘贴“Key”码，如图 5.30 所示。

图 5.30 “APP License Key”

切换到之前的 Vuforia 网站，找到之前的“Key”码，单击进行复制，如图 5.31 所示。

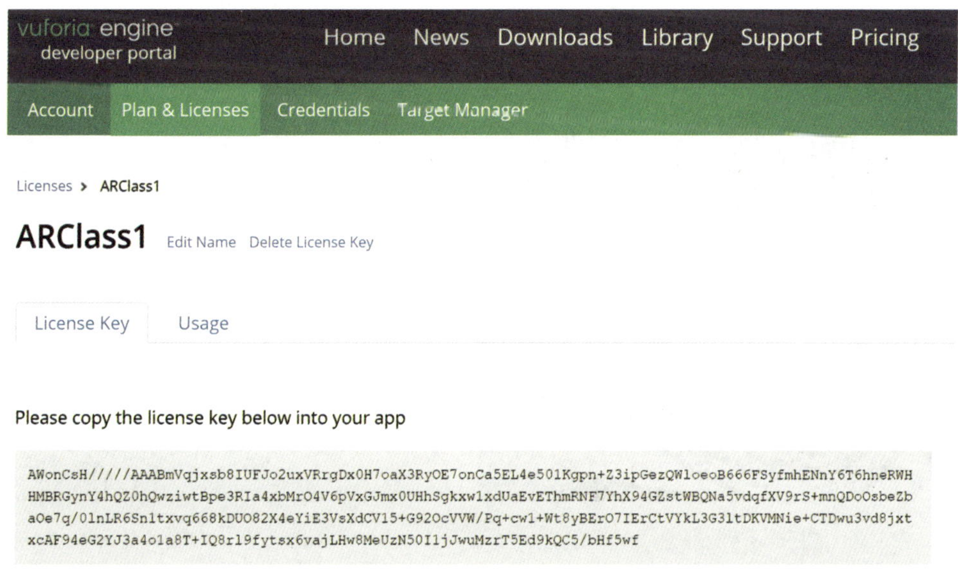

图 5.31 复制“Key”码

回到 Unity 界面，粘贴“Key”码，如图 5. 32 所示。

图 5.32　粘贴“Key”码

二、调试及发布

单击运行会打开电脑上的摄像头（如果电脑没有摄像头则无法运行测试）。将识别图片发送到手机上并打开，对准电脑上的摄像头，图片上就会出现一个方块，如图 5. 33 所示。

测试成功后，停止运行程序，下面需要将项目发布到手机上，在菜单栏中的“文件”中选择“生成设置”。单击“添加已打开场景”按钮，平台选择安卓，单击切换平台，这时会切换为安卓工程，切换过程有些长，需要耐心等待，如图 5. 34 所示。

图 5.33　识别图片

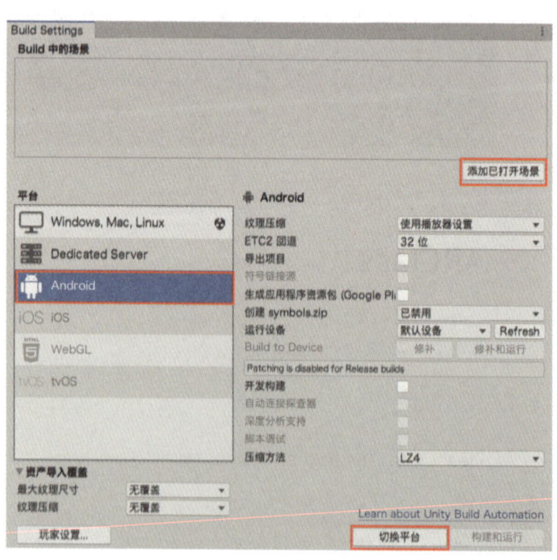

图 5.34　切换平台流程

切换完成后单击“玩家设置”按钮，如图 5. 35 所示。

图 5.35 玩家设置

在检查器的“其他设置”中找到“包名”，然后为 APP 起一个包名称，如图 5.36 所示。

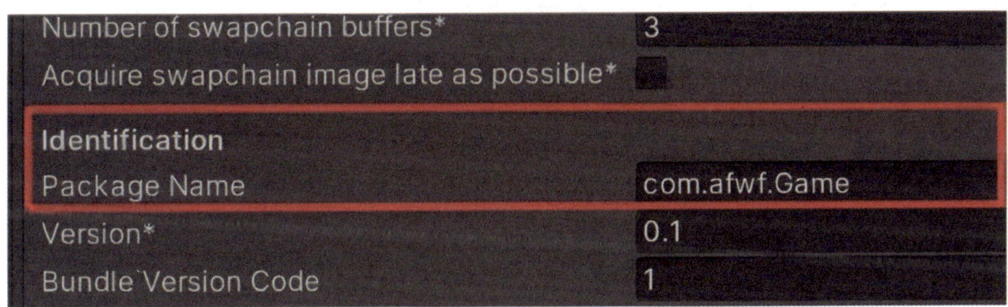

图 5.36 起名流程

找到“AndroidTV 兼容性”去掉勾选（若勾选则无法发布），如图 5.37 所示。

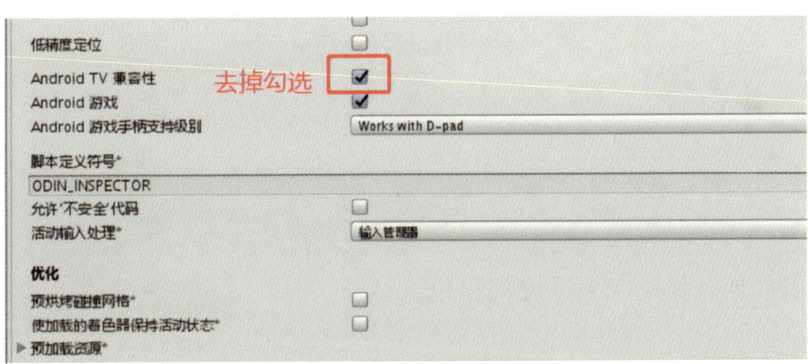

图 5.37 去掉勾选

将XR设置打开，勾选“已支持Vuforia增强现实”，如图5.38所示。这里要说明的是之前在PC模式虽然设置过打开“增强现实支持”，但是到安卓平台还需要到这个位置去勾选。

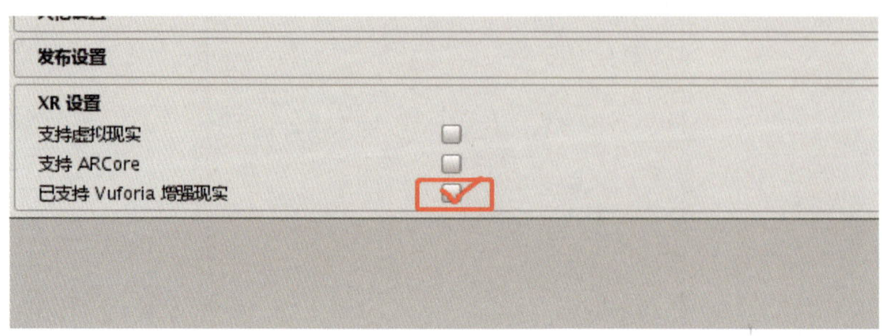

图5.38　勾选“已支持Vuforia增强现实”

单击生成，如图5.39所示。

图5.39　单击生成

将生成的APK文件安装到手机上观看效果，如图5.40所示。

图5.40　观看效果

第三节　实例制作及移动平台发布

本节将学习如何制作一个AR虚拟角色。

一、资源导入及动画配置

创建一个新项目，选择 3D 模板，取消勾选“启用版本管理”选项，如图 5.41 所示。

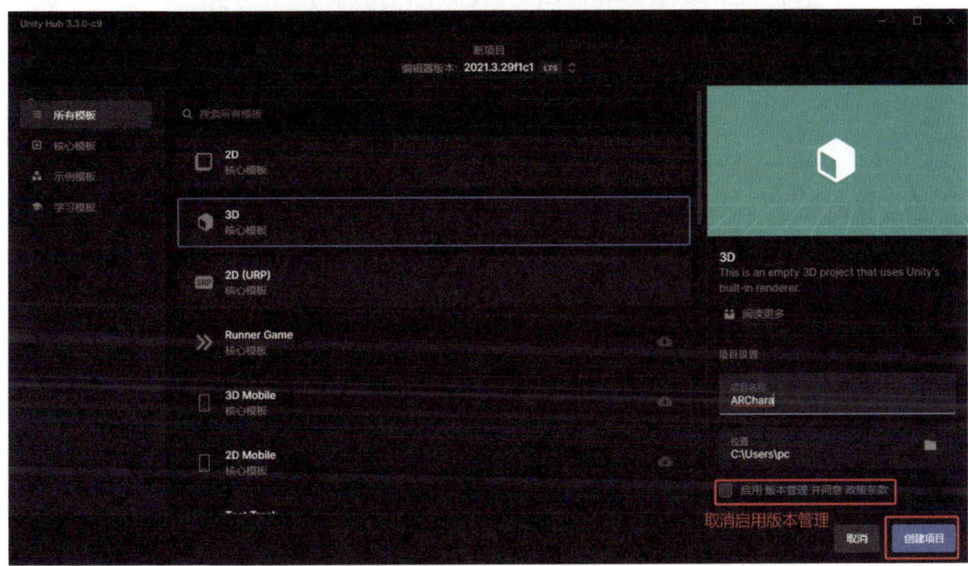

图 5.41　创建项目

打开网址 http://developer.vuforia.com/taxonomy/term/6 进行登录，如图 5.42 所示。

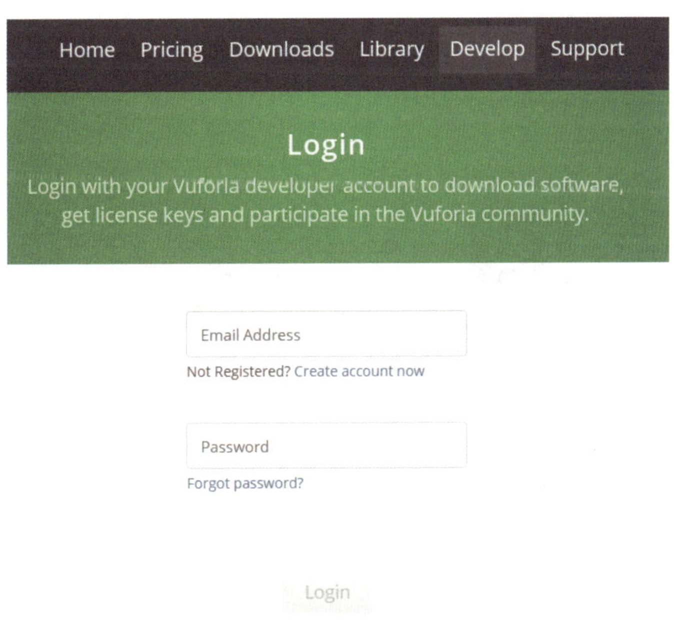

图 5.42　登录 Vuforia

登录完成之后，进入下载页面，下载 Unity 的 AR 插件，如图 5.43 所示。

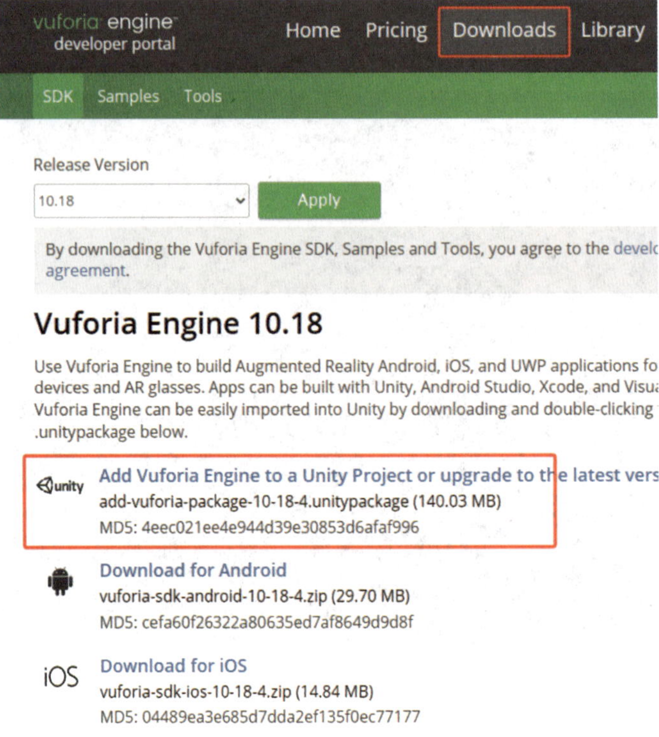

图 5.43 下载 Unity AR 插件

将下载完成的插件导入到项目，导入过程中会出现提示，请选择“Update”，如图 5.44 所示。

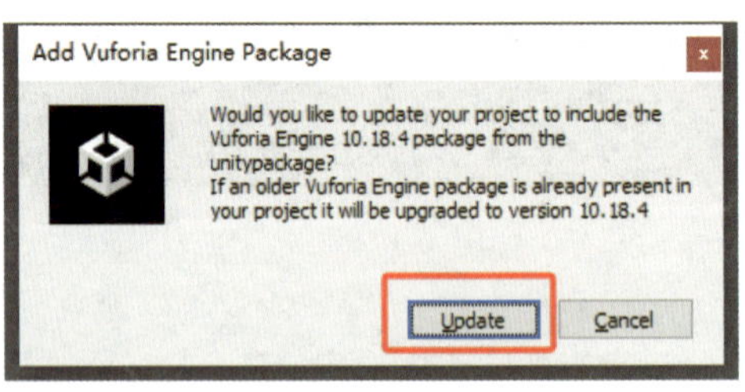

图 5.44 导入提示

在浏览器打开 http://assetstore.unity.com 链接或打开 Unity 的“窗口”菜单，单击“资源商店”进入资源商店，需要先单击右上角进行用户登录，如图 5.45 所示。

在搜索栏输入关键字“unitychan”搜索 Unity 酱(Unity 酱是 Unity 官方推出的 Unity 二次元人物模型，附带有骨骼和多套动作资源)，如图 5.46 所示。

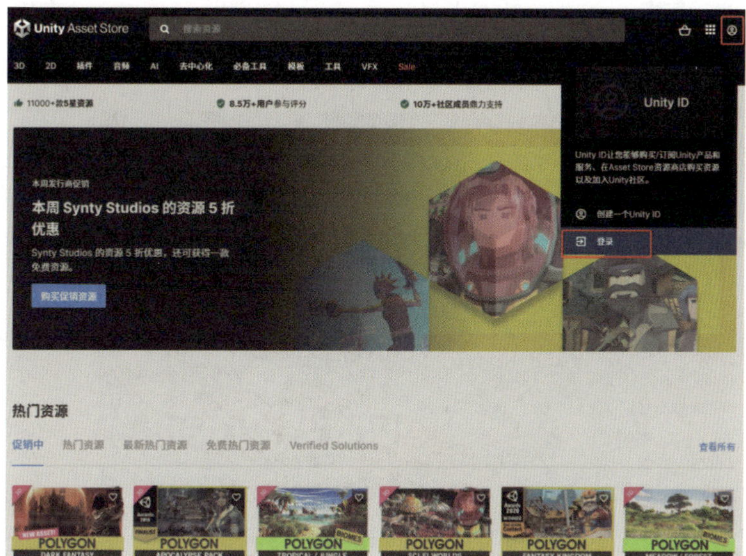

图 5.45　进入资源商店

图 5.46　搜索 UnityChan

找到“UnityChan”资源下载并导入工程，如图 5.47 所示。

图 5.47　下载并导入资源

再次回到资源商店页面，将“UnityChan”资源的封面图另存为图片格式，作为之后使用的识别图，如图 5.48 所示，保存名称为“ARGirl”。

图 5.48　将封面图保存为识别图

回到 Unity 工程中，将目录中的“UnityChan”“预设”拖拽到场景中，如图 5.49 所示。

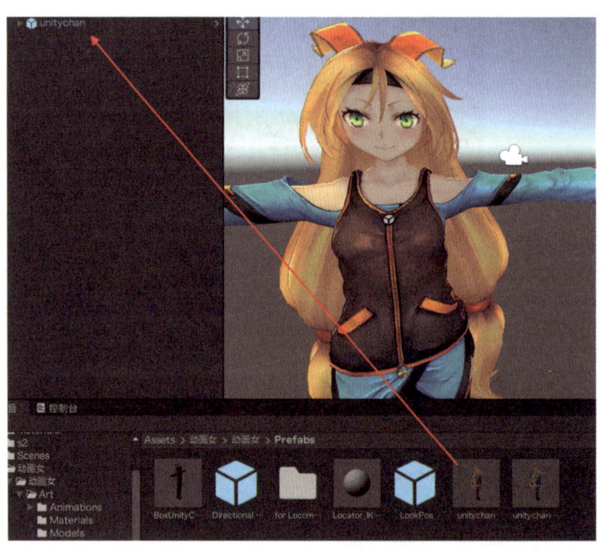

图 5.49　将人物“预设”拖入场景

之后开始配置动画，右键单击“Assets 资源”根目录通过“创建—动画控制器”的操作步骤来创建一个“动画控制器”，如图 5.50 所示。

给动画控制器起名为“GirlController”，并双击打开，会弹出“动画器控制器窗口”，如图 5.51 所示。

找到“项目”视图，按照“Assets—unity-chan！—unity-chan！ Model—Art—Animation—unity chan_WAIT00”的操作步骤，展开找到“WAIT00”动画并拖动到刚刚打开的“动

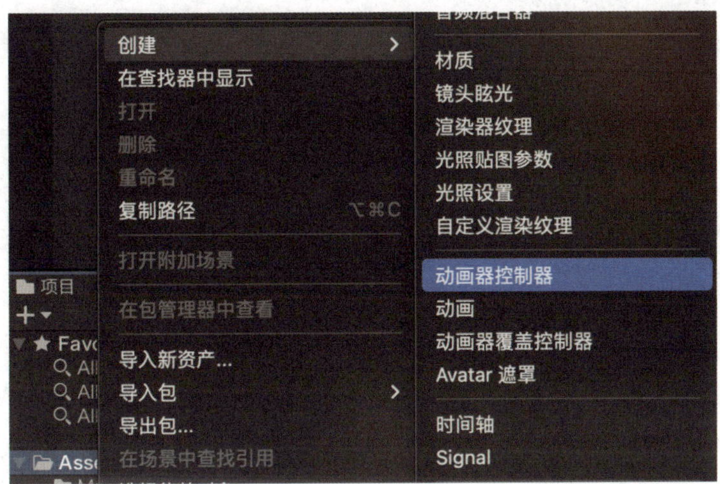

图 5.50　创建动画控制器

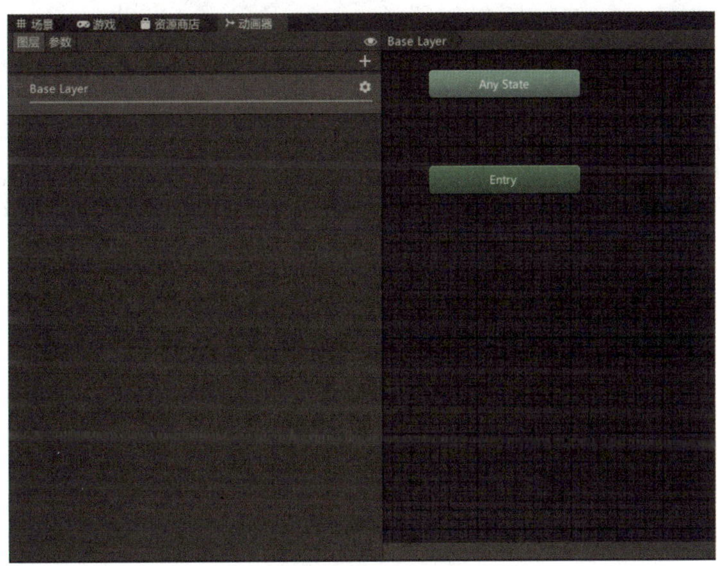

图 5.51　动画控制器

画器控制器”窗口，可以看到它已经被“Entry”入口连接，说明它已经变成了默认播放的动画，如图 5.52 所示。这样，人物的默认动画就配置完成了。

二、AR 制作

再次打开之前的 Vuforia 页面，在“Target Manager”的“ARClassTest”数据库中，单击“Add Target”再添加一个识别目标，如图 5.53 所示。

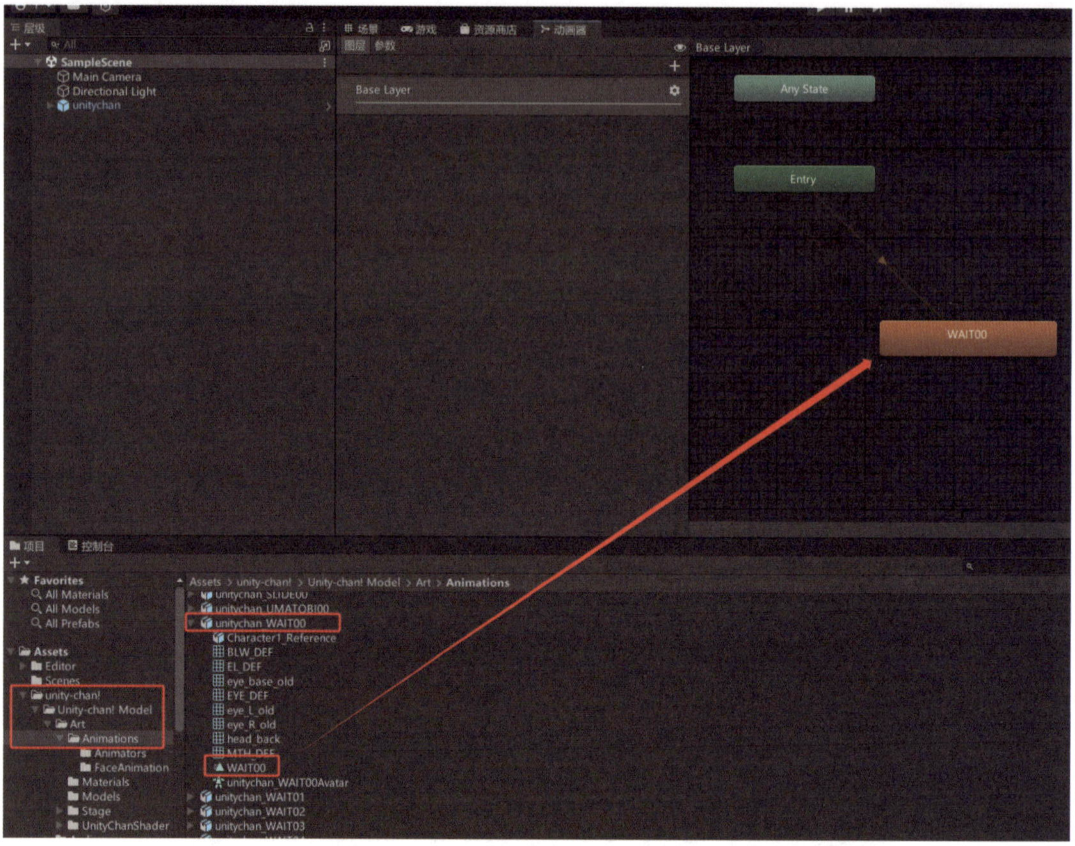

图 5.52　将 WAIT00 动画拖入动画器窗口

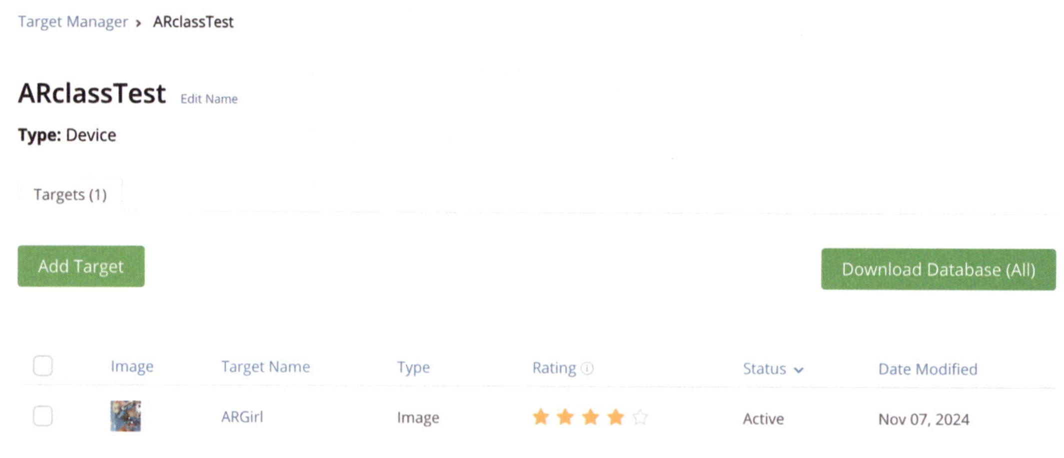

图 5.53　数据库添加识别目标

在“Type”处选择“Single Image”，“File”处选择识别图“ARGirl”，并设置好“Width”和“Name”，单击“Add”，如图 5.54 所示。

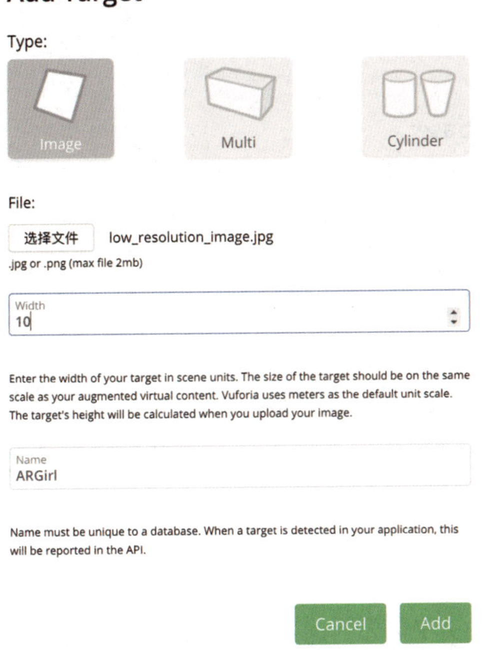

图 5.54　添加识别对象

勾选"ARGirl"识别对象，单击"Download Database"下载识别资源，如图 5.55 所示。

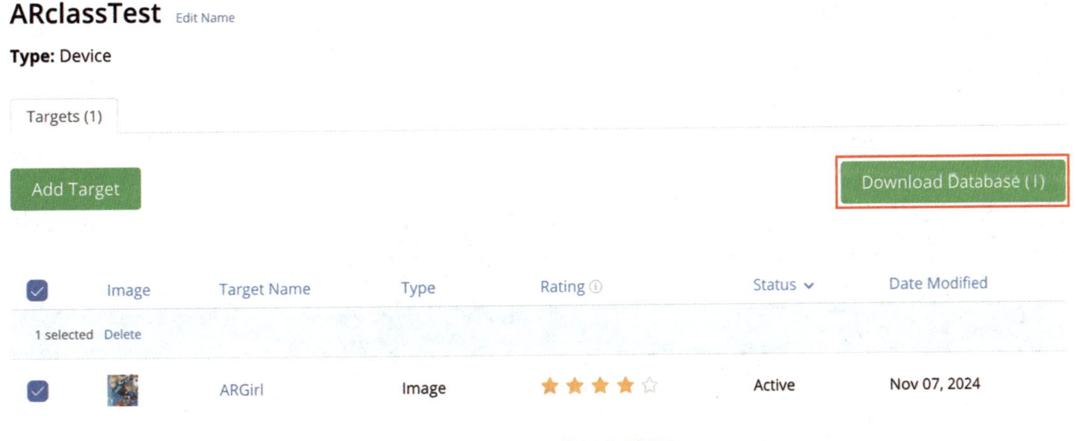

图 5.55　下载识别资源

选择"Unity Editor"，单击"Download"，如图 5.56 所示。

下载识别对象，双击导入 Unity，导入后在 Unity 场景中创建"ARCamera"，如图 5.57 所示。

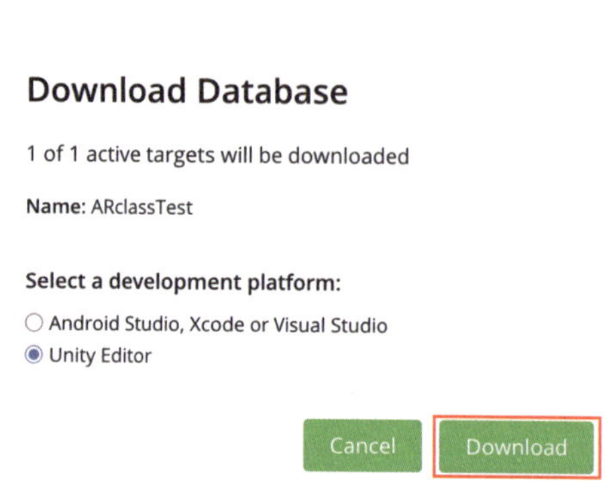

图 5.56　选择“Unity Editor”后下载

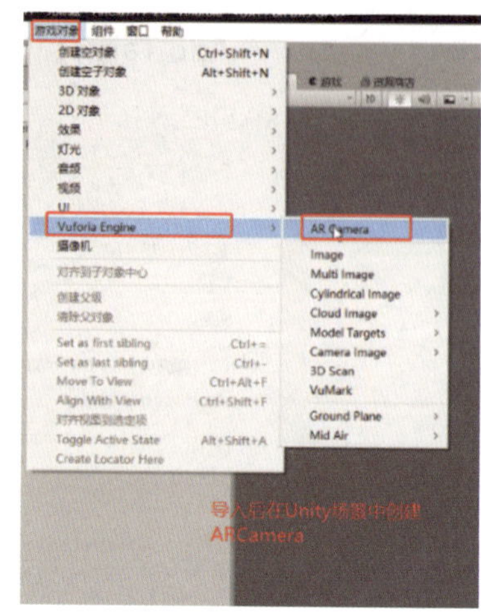

图 5.57　创建 ARCamera

选择“ARCamera”，单击“Open Vuforia Engine Configuration”，如图 5.58 所示。

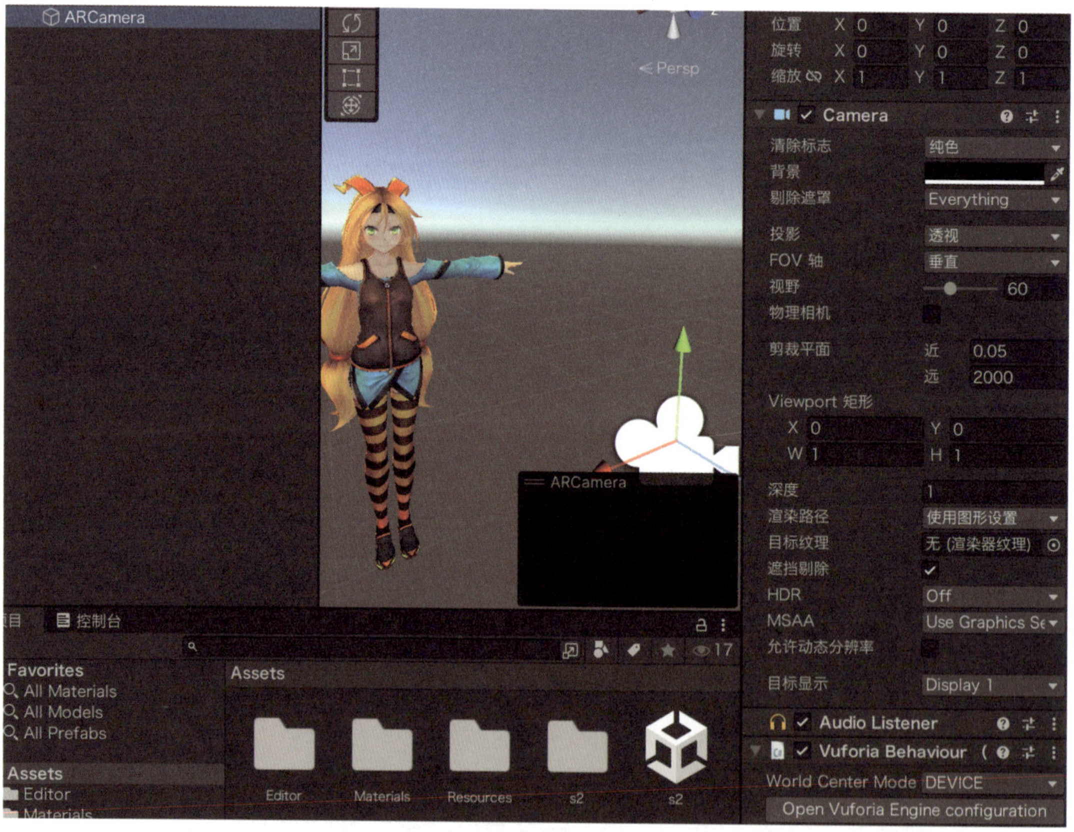

图 5.58　打开 ARCamera 的编辑按钮

将之前项目中建立的“Key”粘贴到“APP License Key”中，如图 5.59 所示。

图 5.59 粘贴“Key”

再创建一个 AR 的“Image Target”。在“检查器视图”中选择“From database”，如图 5.60 所示，在弹出窗口中选择“Import”。

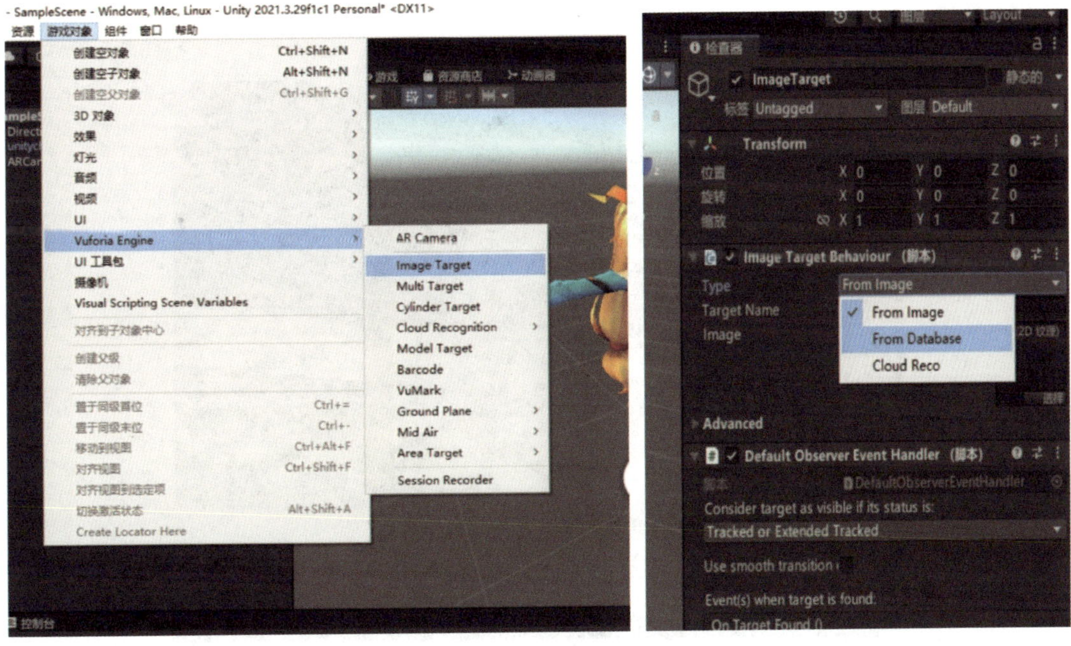

图 5.60 创建图像识别对象

调节场景中的人物模型(UnityChan)的大小及位置，如图 5.61 所示。

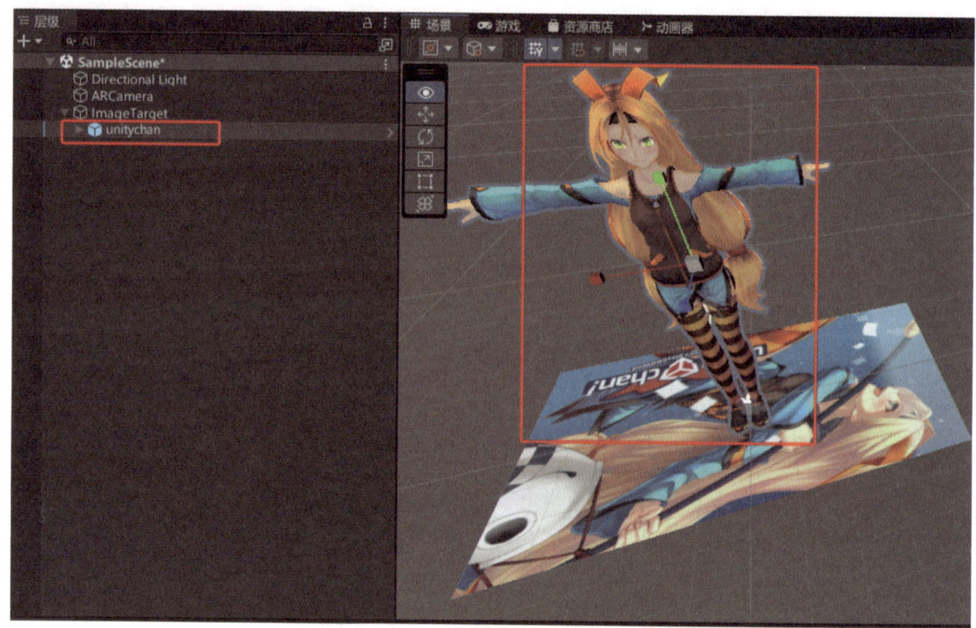

图 5.61　调节人物模型的大小及位置

三、AR 测试

运行程序，会打开电脑的摄像头（如果是台式机则需要外接 USB 摄像头）查看效果，如图 5.62 所示。

图 5.62　引擎中的 AR 效果

发布到手机。停止程序，选择菜单栏“文件”下的“生成设置”。由于之前已经做过设置，所以此处无须再次设置。单击“生成”，发布为 APK 文件，如图 5.63 所示。将生成的 APK 文件安装到手机上观看效果。

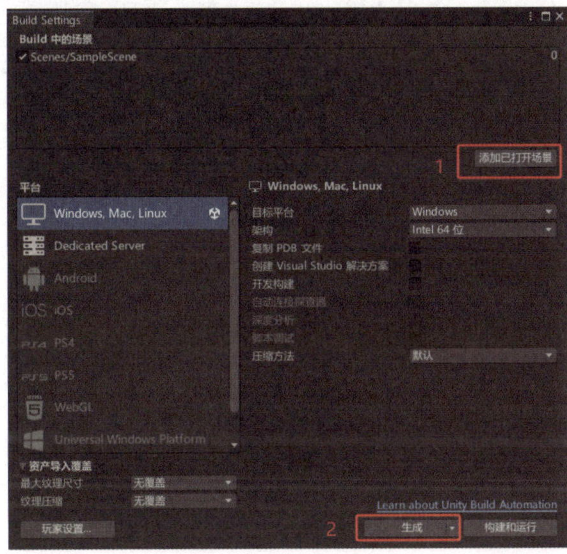

图 5.63　生成过程

第四节　iOS AR 制作

本节将学习如何进行 iOS AR 制作。

下载 Reality Composer 软件，软件图标如图 5.64 所示。

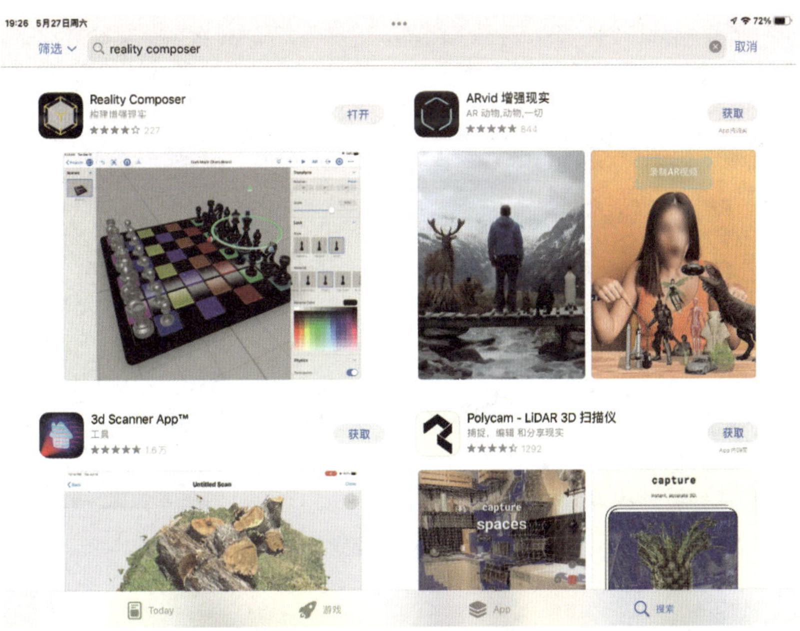

图 5.64　软件下载流程

单击右上角的“+”新建项目，选取锚定项目。目前 Reality Composer 提供的锚定共有五种类型，分别是水平锚定、垂直锚定、图像锚定、面孔锚定和对象锚定。水平锚定用于桌面、地面等基于水平表面；垂直锚定用于墙壁等基于垂直表面；图像锚定用于海报、图片等基于图像识别；面孔锚定用于脸部等基于面孔识别；对象锚定用于物体等扫描对象识别。如图 5.65、图 5.66、图 5.67 所示。

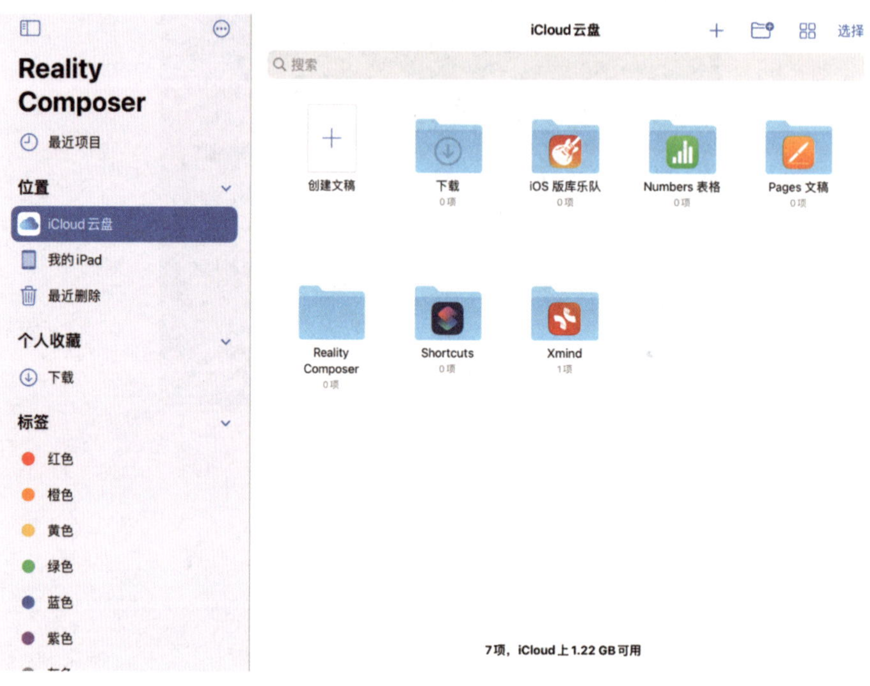

图 5.65　新建项目

图 5.66　选取锚定类型 1

对象

将您的体验锚定到扫描的对象。

图 5.67　选取锚定类型 2

对模型进行基础操作。选取锚定，以“水平锚定”为例。单击“水平”，出现“立方体”模型，然后单击进行编辑（如果打开 AR 模式，可以预览，在 AR 模式下也可以编辑），如图 5.68、图 5.69、图 5.70 所示。

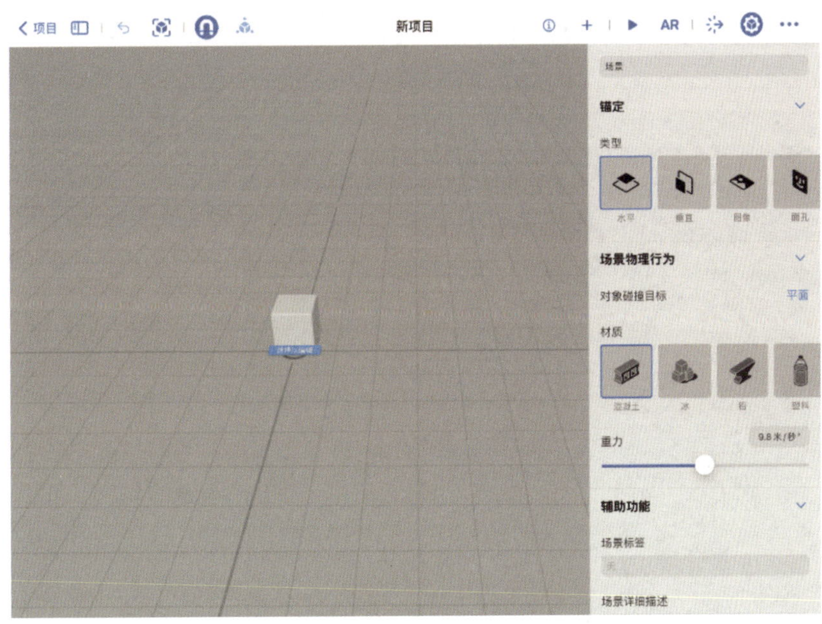

图 5.68　编辑水平锚定

对立方体进行编辑。“转换”模块可以调整立方体位置、旋转、缩放，如图 5.71 所示。“外观”模块可以调整立方体材质及其宽度、高度、深度、斜面半径、材质颜色等，如图 5.72 所示。“文本”模块可以编辑文字信息，如图 5.73 所示。“物理行为”(单击“参与”选项)模块可以调整立方体运动类型的固态与动态、碰撞时不同的材质、形状和效果，如图 5.74 所示。“辅助功能”(单击“启用”选项)模块可以调整模型动画交互效果，如图 5.75 所示。

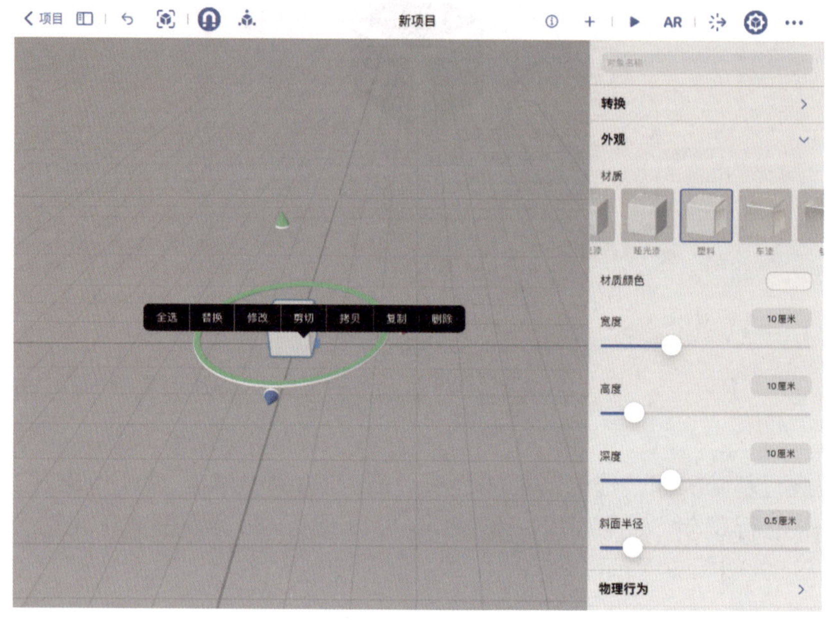

图 5.69　立方体编辑

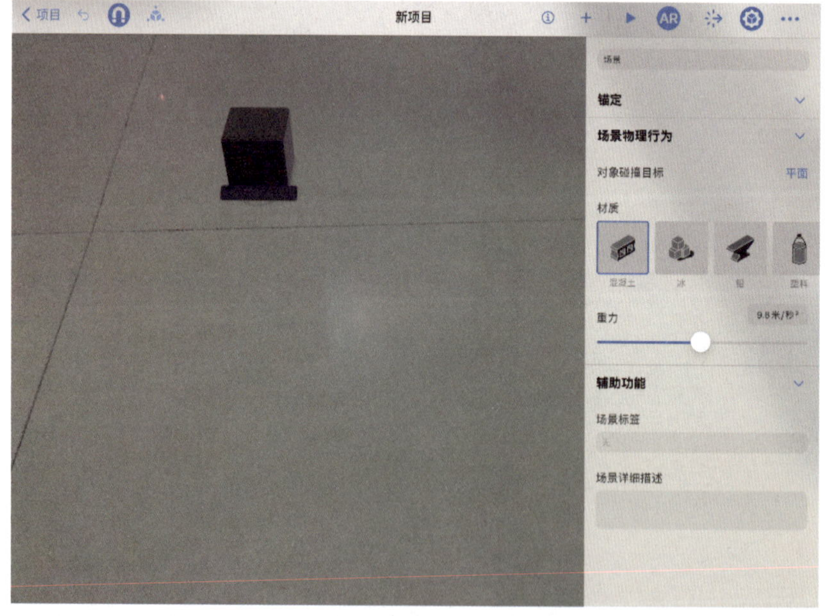

图 5.70　AR 模式下的编辑

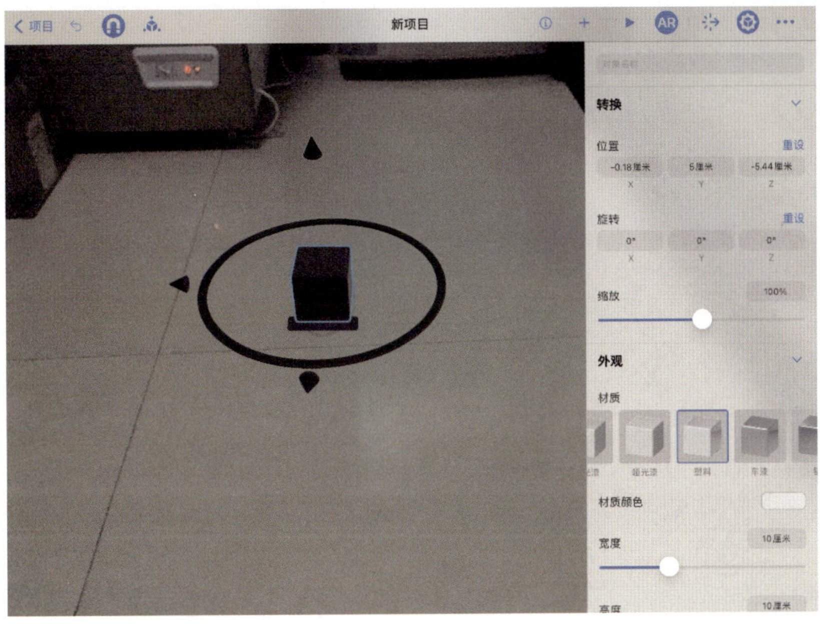

图 5.71 “转换”调整过程

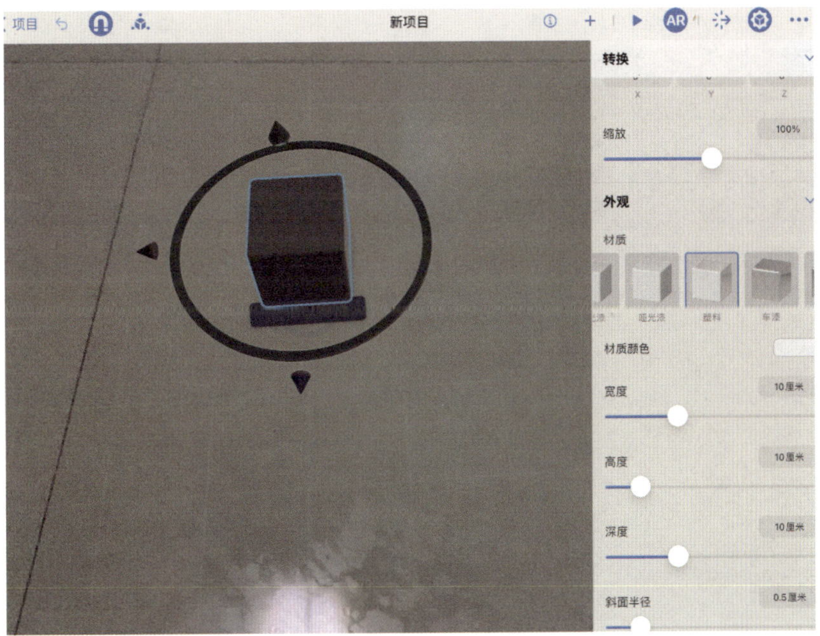

图 5.72 “外观”调整过程

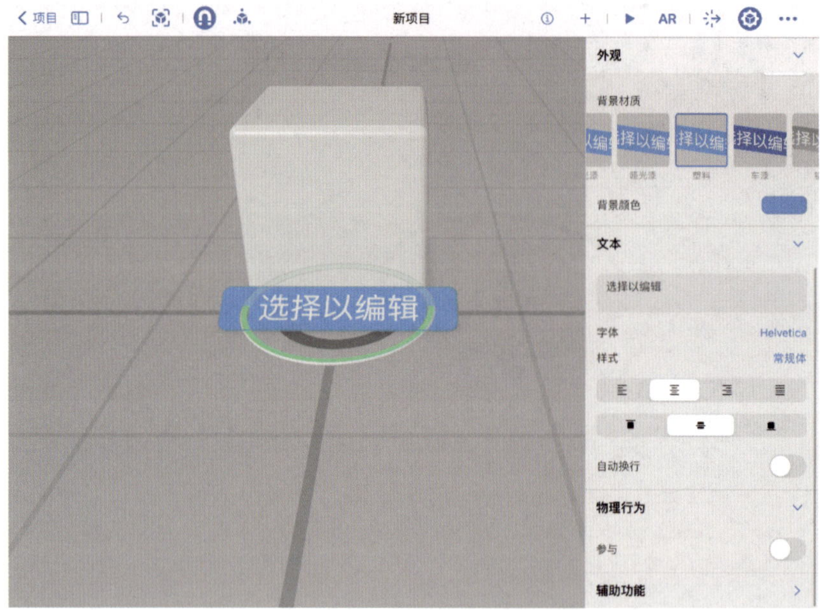

图 5.73 “文本”调整过程

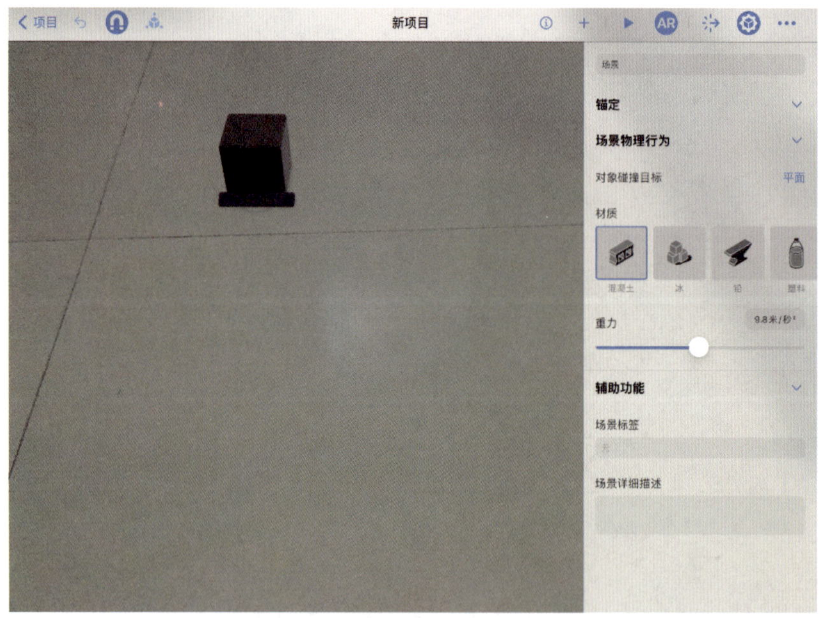

图 5.74 物理行为

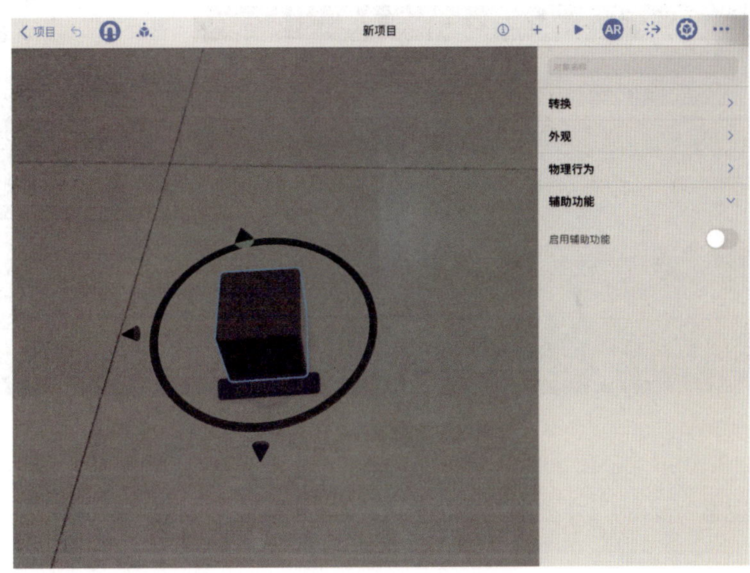

图 5.75 辅助功能

单击“+”按钮可以从模型库中添加其他模型，如图 5.76 所示。软件自带模型可以编辑，自己导入的模型无法修改。

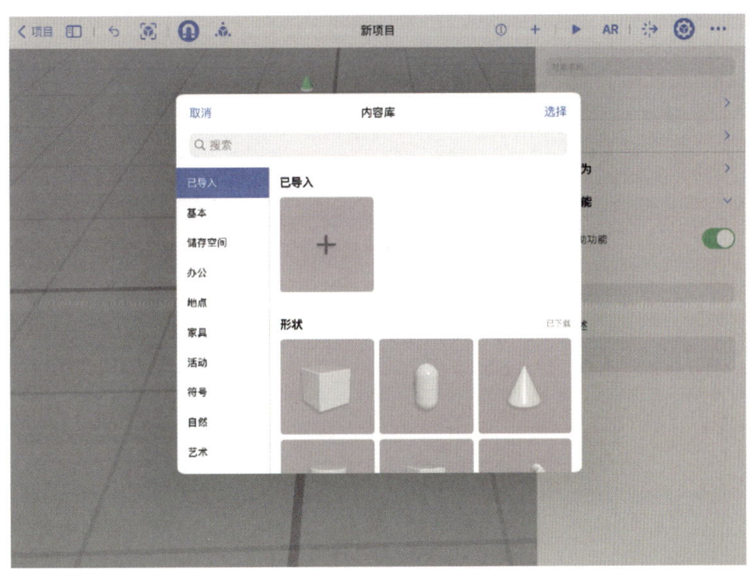

图 5.76 模型的添加

学习模型转换的方法。如果想要将自己的模型导入到“Reality Composer”软件中，需要安装“Reality Converter”，它同样是苹果官方提供的 AR 制作工具，主要功能是将各种格式的三维模型转换为苹果 AR 可用的 USDZ 格式，该软件的咨询可访问开发者网站 http://developer.apple.com，找到自定义模型的转换工具，如图 5.77 所示。

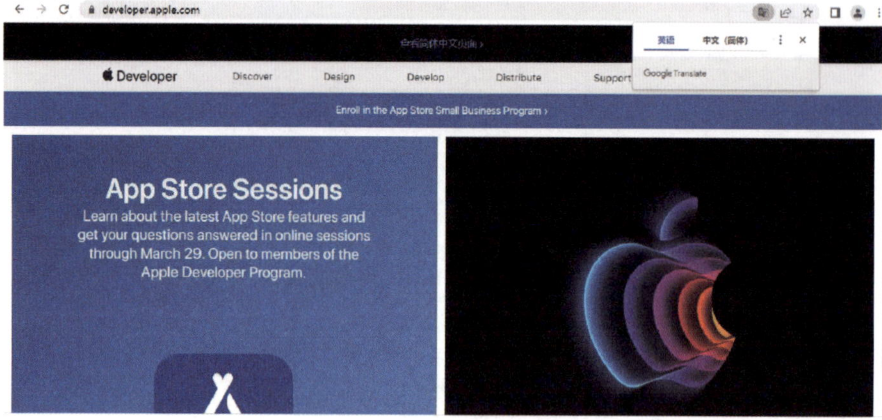

图 5.77 开发者网站

在本页面搜索“reality”,单击“Augmented Reality”,如图 5.78、图 5.79 所示。

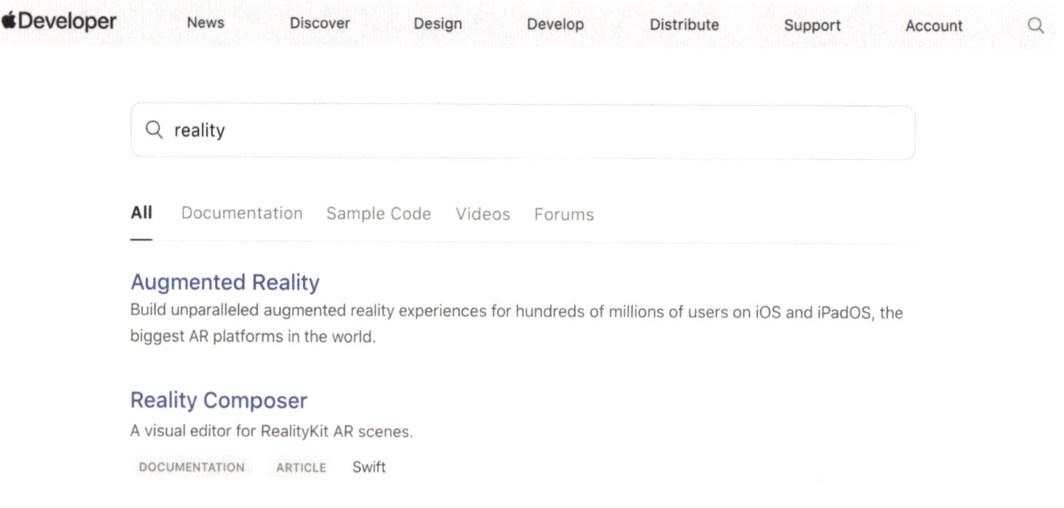

图 5.78 搜索“reality”界面

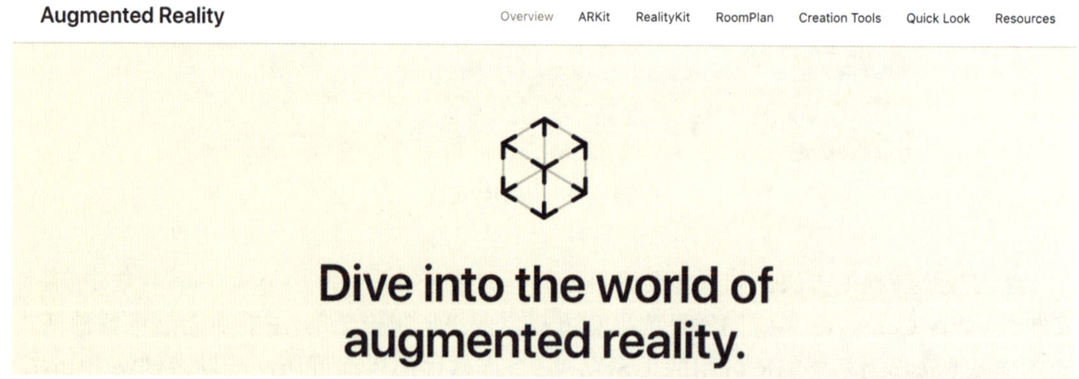

图 5.79 “Augmented Reality”界面

找到 AR 工具介绍，单击“Learn more”，如图 5.80 所示，可以找到模型转换软件。

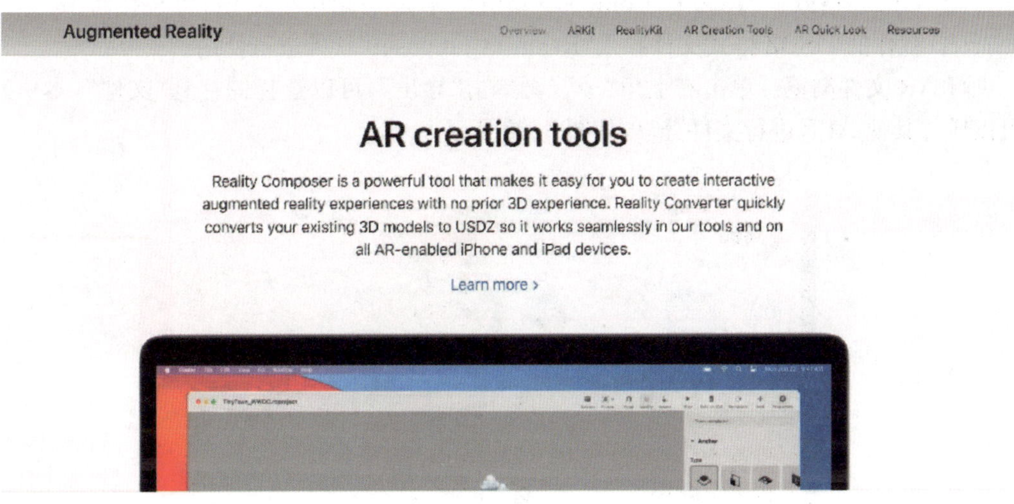

图 5.80　AR 工具介绍

苹果 AR 的模型转换工具及开发工具如图 5.81 所示。其中，“Reality Converter”软件

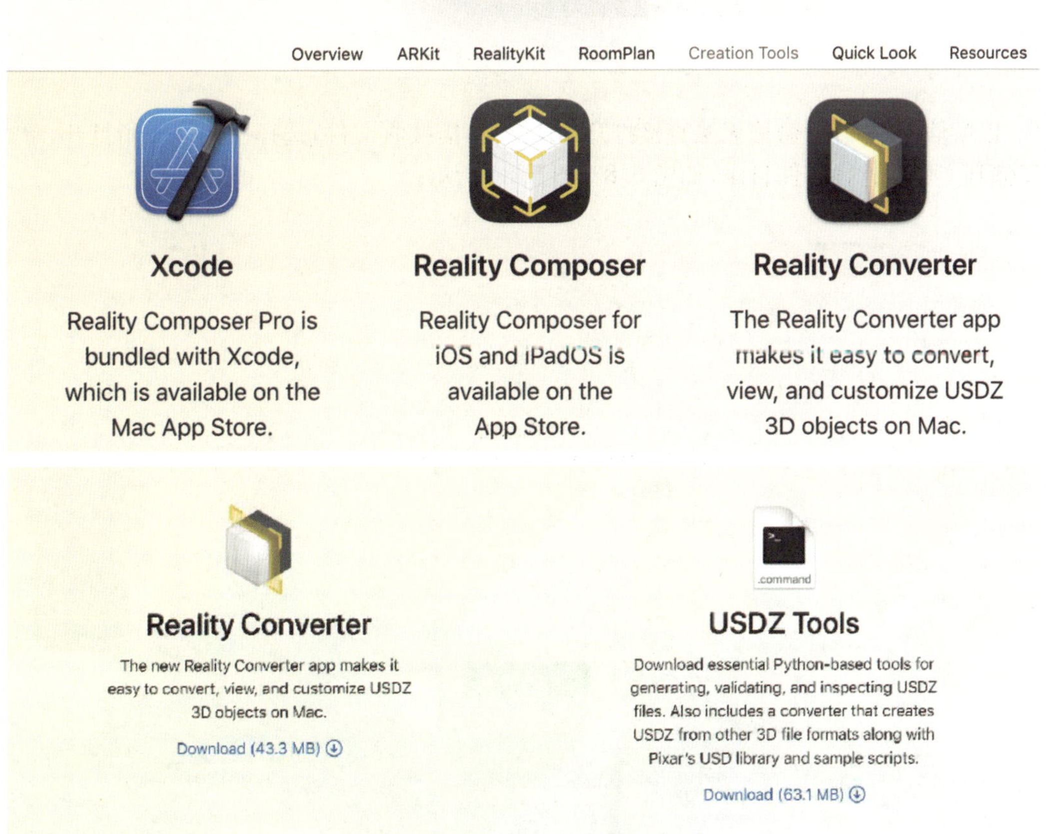

图 5.81　模型转换工具及开发工具

（只有 Mac 版）可将自己想要的模型文件转为 USDZ 格式，再导入“Reality Converter”软件制作，转出 USDZ 格式。“Reality Composer”软件（苹果三端均可使用）可直接将“Reality Converter”制作的 USDZ 格式文件导入“Reality Composer”软件进行使用。

进行 AR 文件浏览。单击右上角“…”，再单击“导出”，可以选择储存到“文件”（本机），也可以通过其他 APP 进行文件分享，如图 5.82 所示。

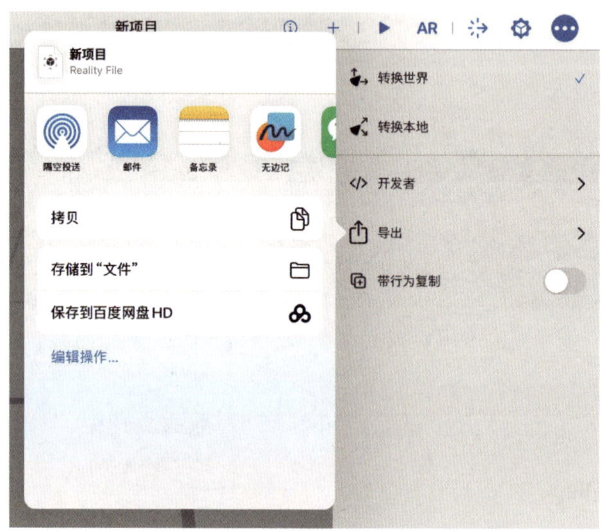

图 5.82　导出数据

以微信分享为例，微信无法直接打开 AR 文件，需接收文件，选择用其他应用打开，单击“存储到文件”，选择存储目录，如图 5.83、图 5.84 所示。

图 5.83　接收文件

图 5.84　存储

打开“Reality Composer”软件，通过存储目录寻找文件，然后单击打开，即可查看最终效果文件，如图 5.85、图 5.86 所示。

图 5.85　目录

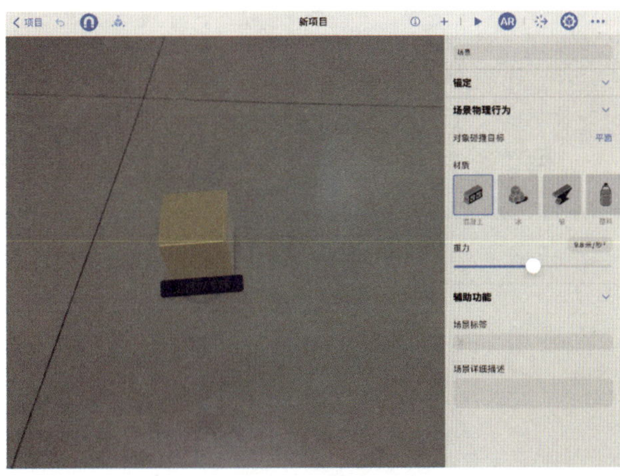

图 5.86　查阅

第五节　网页 AR 制作

一、网页 AR 制作平台

网页 AR 也是时下较为流行和通用的 AR 制作方式，它轻巧、便捷，无须安卓软件，只需微信扫码即可打开。早期网页 AR 的开发需要编写 JS 脚本，对初学者来说门槛较高。近些年，各种网页 AR 开发的工具和引擎开始出现，如 AR. js、A-Frame、Zapper、Kivicube 等。

本节主要介绍如何用 Kivicube 来制作网页增强现实案例，Kivicube 是由成都弥知科技有限公司开发的软件，它简便的开发流程已经被广大开发者所接受，并且国内外多家企业(如腾讯、华为、特斯拉等)都在使用 Kivicube 的产品服务。

Kivicube 的优势在于其易用性和可扩展性。它不需要额外的硬件设备，只需使用智能手机或平板电脑即可。此外，开发者可以使用 Kivicube 的软件开发工具包(SDK)来创建自己的增强现实应用，并根据需要自定义功能和界面。

二、Kivicube 制作案例

打开 Kivicube 主页，如图 5. 87 所示。

图 5.87　Kivicube 主页

单击右上角的“登录/注册”，如图 5. 88 所示。

单击“注册”后输入用户名、手机号、验证码，并且单击“我已阅读并同意用户协议”，如图 5. 89 所示。

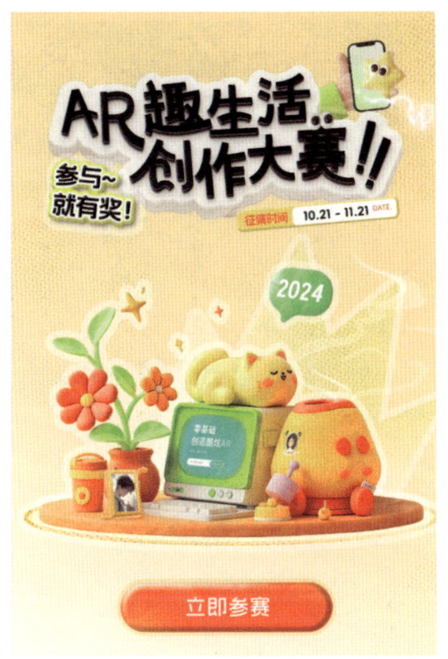

AR趣生活 创作大赛!!
参与~
就有奖!
征集时间 10.21 - 11.21 DATE
2024
立即参赛
手机号
邮箱
用户名
请输入手机号
请输入密码
注册
忘记密码
登录

图 5.88　登录/注册

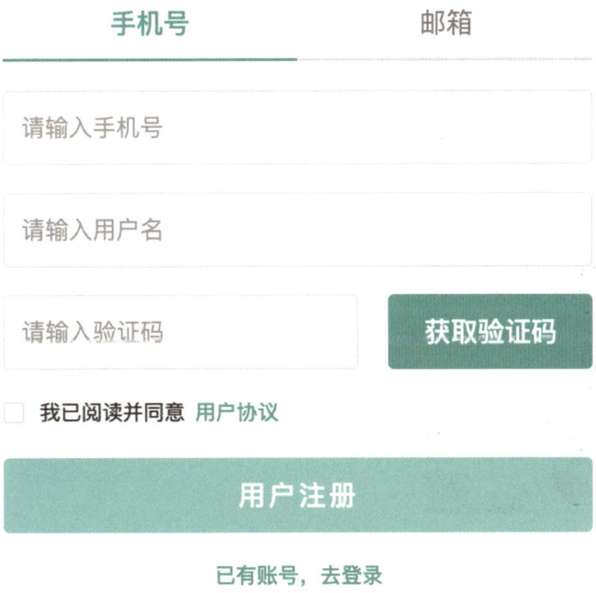
手机号
邮箱
请输入手机号
请输入用户名
请输入验证码
获取验证码
我已阅读并同意 用户协议
用户注册
已有账号，去登录

图 5.89　注册信息

返回到“登录页面”并输入手机号及密码，登录成功后进入制作平台，如图 5.90 所示。

单击“平面 AR”，然后单击“快速制作”，如图 5.91 所示。

图 5.90 制作平台页面

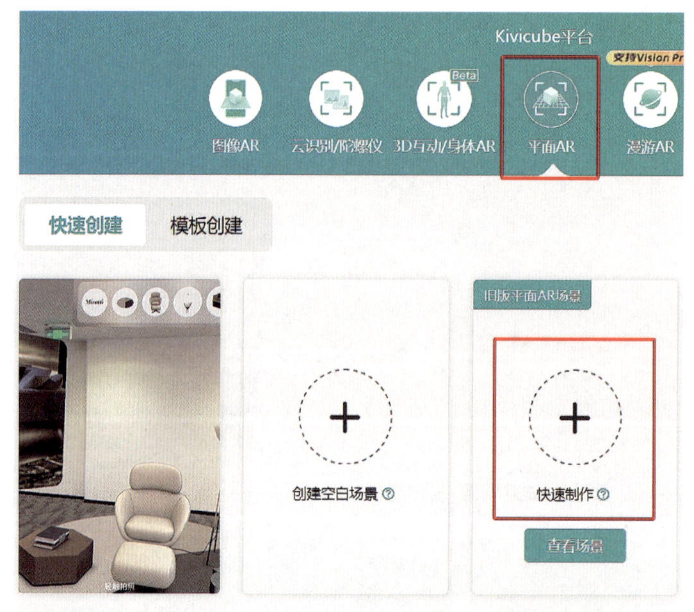

图 5.91 快速制作

单击“快速制作”后，页面将跳转到 AR 模型的“上传页面”，如图 5.92 所示。

如果需要上传格式为 GLTF 的模型文件，可以使用官方提供的案例模型文件，如图 5.93 所示。

单击链接访问百度网盘 https://pan.baidu.com/s/1PZe6SMrzB-4zoCmShIQQkA，如图 5.94 所示。输入提取码“cact”，如图 5.95 所示。跳转到百度网盘，单击“下载”，下载到桌面，如图 5.96 所示。

上传AR模型文件

使用 AR模型编辑器 将自己的模型文件转换为glb；
点击这里 下载一些可用的glb文件

图 5.92　上传页面

如何将模型文件转换为glb？并设置合适的材质效果

https://www.yuque.com/kivicube/manual/3d-workflow-overview

SLAM场景示例模型

链接：https://pan.baidu.com/s/1PZe6SMrzB-4zoCmShIQQkA 提取码：cact

如果需要寻找更多的glb模型，推荐大家到sketchfab平台下载。

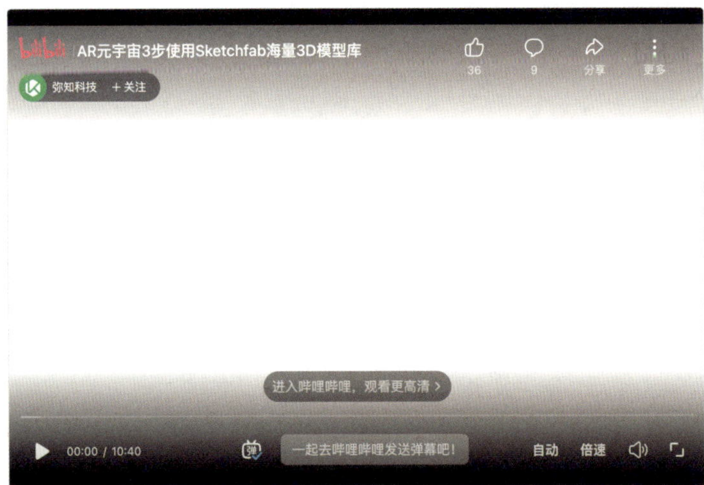

高清视频请直接访问：https://www.bilibili.com/video/BV1Q3411r7zs

图 5.93　案例模型链接

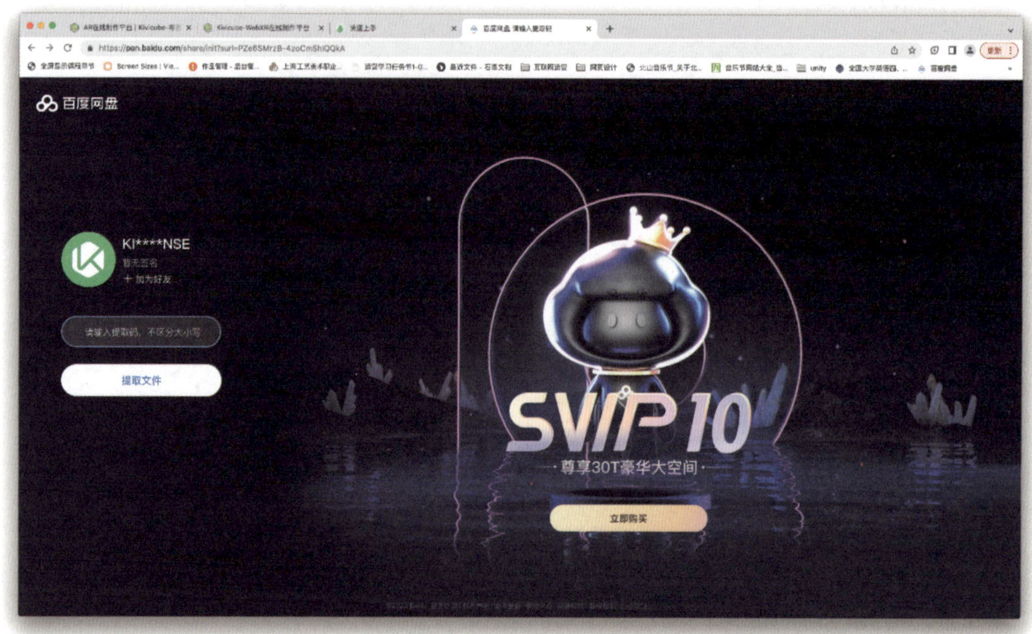

图 5.94　跳转分享页面

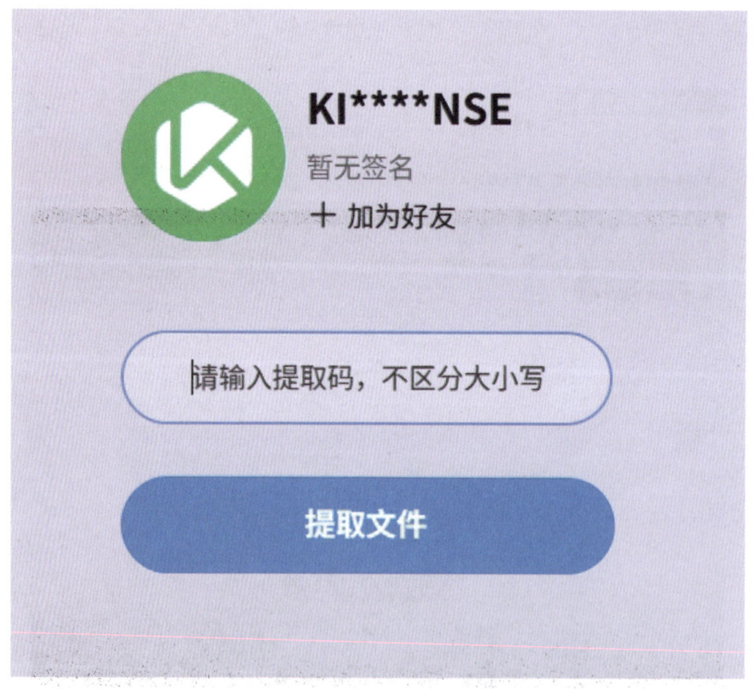

图 5.95　输入提取码

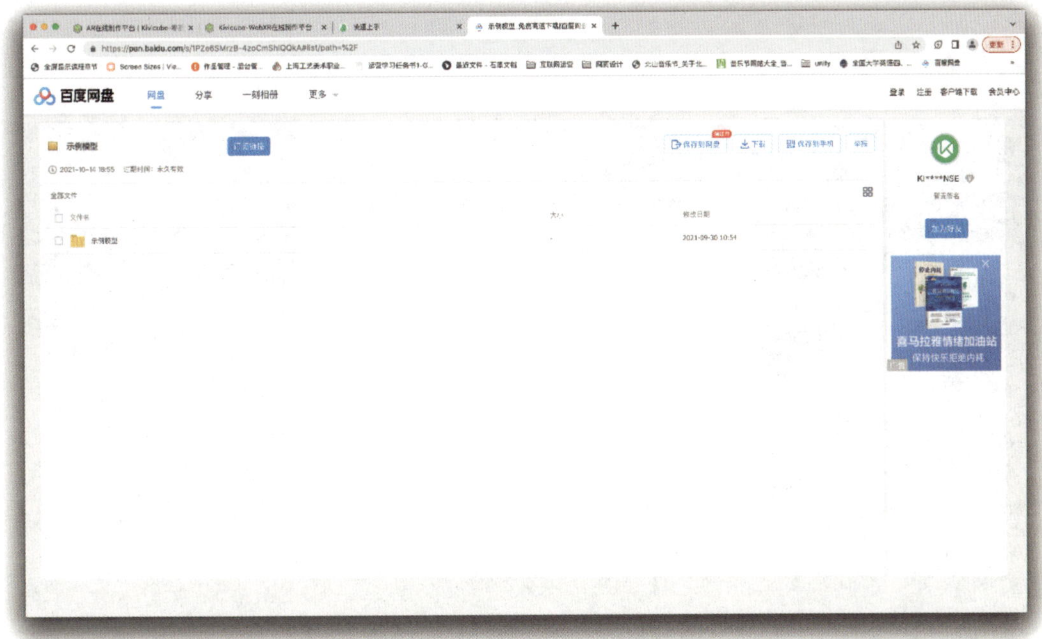

图 5.96　百度网盘文件下载

返回模型上传页面，如图 5.97 所示。

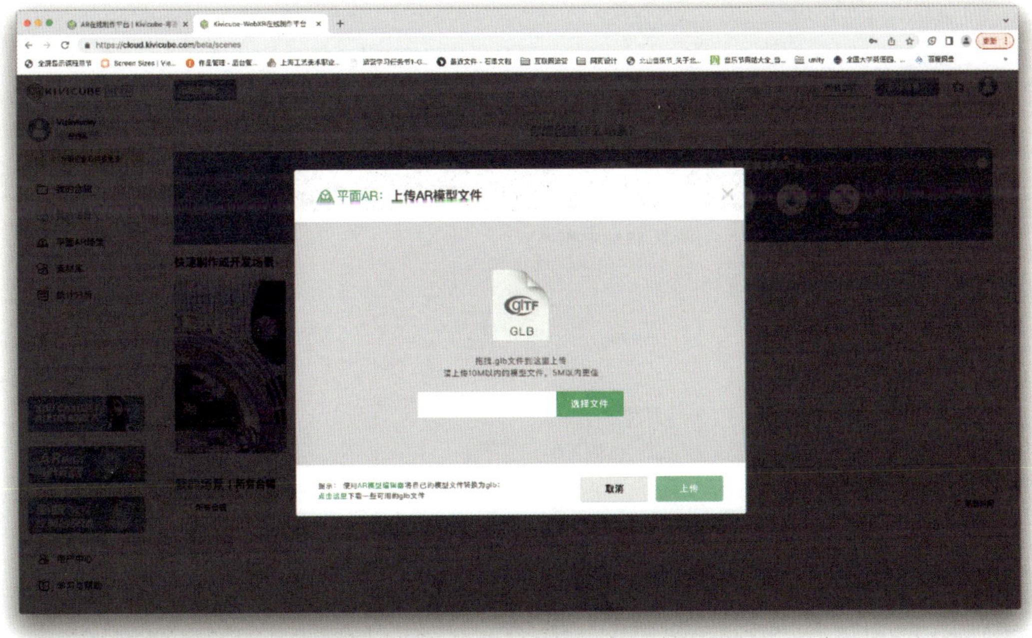

图 5.97　回到模型上传页面

单击“选择文件”，找到刚刚下载的文件，如图 5.98 所示。

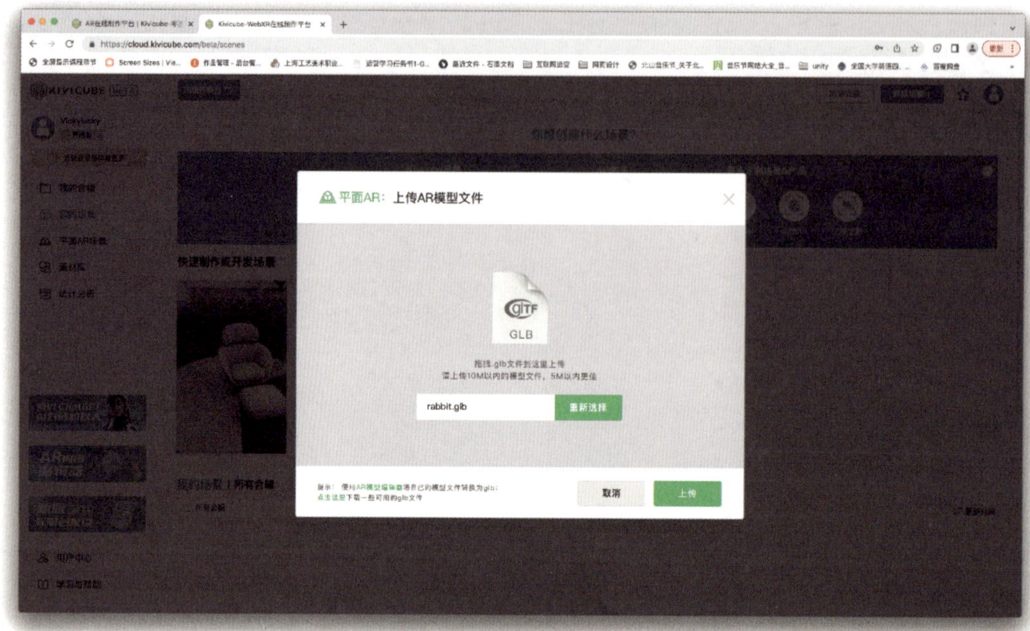

图 5.98　选择下载的模型文件

单击“上传”，上传完成后设置“页面标题”，如图 5.99 所示。

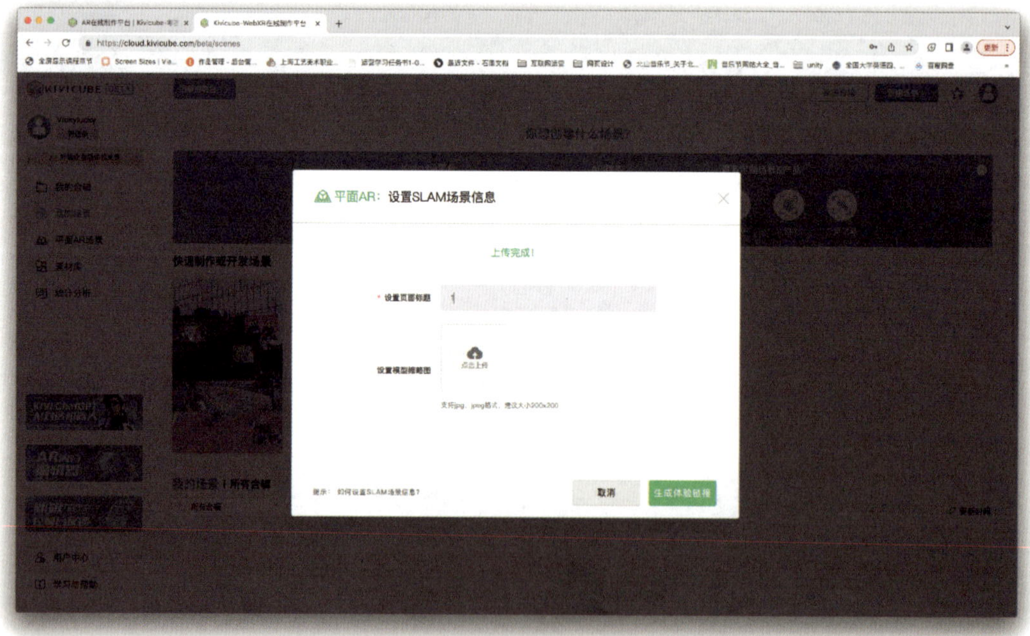

图 5.99　设置标题信息

单击“体验链接”即可生成二维码，如图 5.100 所示。

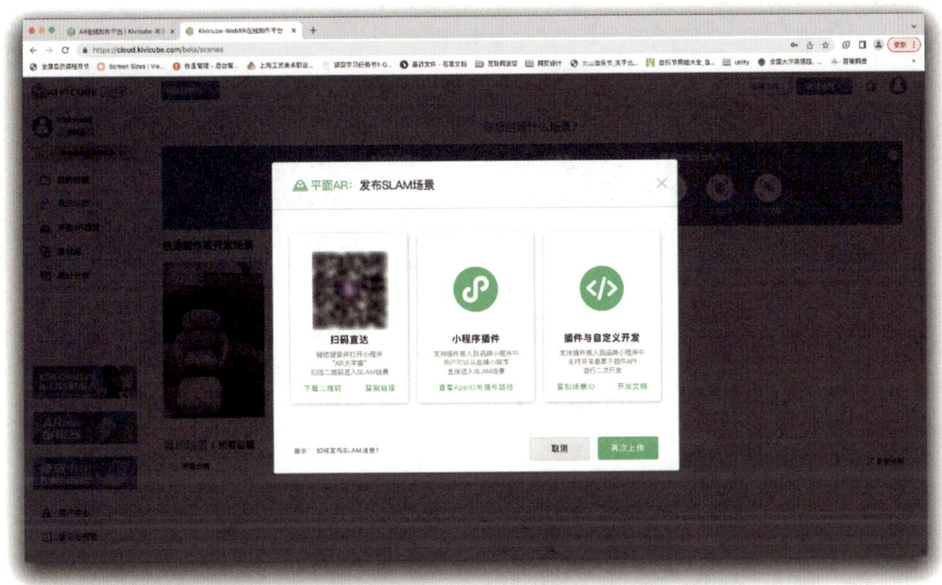

图 5.100　生成二维码

用微信扫描二维码直达互动页面，效果如图 5.101 所示。

图 5.101　扫描效果

单击“绿色标示”，会出现一个模型，该模型可以旋转，如图 5.102 所示。单击页面下方的标志就可以将照片保存在手机里，如图 5.103 所示。

图 5.102　AR 模型

图 5.103　单击图片保存

参考文献

[1] Azuma R. T. A survey of augmented reality [J]. Presence: Teleoperators and Virtual Environments, 1997,6(4):355-385.

[2] Schmalstieg D, Hollerer T. Augmented Reality: Principles and Practice [M]. Boca Raton, FL: Addison-Wesley, 2016.

[3] Billinghurst M, Duenser A. Augmented Reality in the Classroom [J]. In Proceedings of the IEEE International Symposium on Mixed and Augmented Reality (ISMAR), 2012,123-132.

[4] Smith J. Design and Implementation of Augmented Reality Applications [D]. New York, NY: Columbia University, 2018.

[5] Wang H. Interactive Augmented Reality System: US Patent 9876543 [P]. 2018-09-15.

[6] 宁瑞忻,朱尊杰,邵碧尧,等.基于视觉的虚拟现实与增强现实融合技术[J].科技导报,2018,36(09):25-31.

[7] 谢梦星.虚实交织:AR与VR技术在海报设计中的应用与创新思考[J].上海包装,2023(09):34-36.

[8] 黎洁,汤新星,刘广正.AR交互包装设计应用研究[J].绿色包装,2023(05):96-100.

[9] 董文杰,华宁,张涛.基于Vuforia平台的化学期刊AR应用程序——AR Chemistry的设计开发[J].计算机与应用化学,2019,36(06):680-684.